JN087558

情報と法

情報と法（'23）

装丁デザイン：牧野剛士
本文デザイン：畑中　猛

o-36

まえがき

世界最先端IT国家創造宣言から世界最先端デジタル国家創造宣言・官民データ活用推進基本計画へ，そしてデジタル社会の形成に関する重点計画や知的財産推進計画などの中で，情報財・知的財産・コンテンツにおける経済的価値の対応が求められている。あわせて，情報財・知的財産・コンテンツに対する人格的価値を含む権利侵害や不正アクセスなどの対応や知る権利とプライバシー権との相反する価値の議論がなされている。情報財・知的財産・コンテンツとメディアとのかかわりからは，情報財はアナログ形式でもデジタル形式でも対象になる。知的財産は，無体物であり，原則，アナログ形式とデジタル形式との区分けを必要としない。コンテンツは，著作物としては無体物であるが，デジタルを対象とする場合がある。そのような情報ネットワークとウェブ環境における規範として，情報技術または情報通信技術の進展とかかわりのある法律の体系的な理解が必要になる。その法律とは，新領域法学という領域になり，その領域の中に情報法と知的財産法および明示されていないが著作権法がある。

「情報と法」では，情報法と知的財産法および著作権法の個別の法律とそれらの相互の関連も含めて解説する。情報法の体系は，デジタル社会の形成に関する重点計画とデジタル社会形成基本法・官民データ活用推進基本法・サイバーセキュリティ基本法との関係が起点になる。知的財産法の体系は，知的財産推進計画と知的財産基本法との関係が起点である。なお，知的財産基本法は，「コンテンツの創造，保護及び活用の促進に関する法律（コンテンツ基本法）」とかかわりをもつ。そこで，著作権法の体系は，知的財産基本計画のコンテンツ振興とコンテンツ基本法との関係を起点とする。情報法は知的財産法を含み，知的財産法は著作権法を含む。そして，著作権法は，その法文化を異にする著作権等管理事業法と併存する関係にある。

「情報と法」の構成は，知的財産法は知的財産の視点からの法規範となり，著作権法はコンテンツ・著作物の視点からの法規範であり，情報法は情報財とのかかわりの視点からの法規範になる。具体的には，知的財産法は，発明・考案・意匠の創作，商標と商品・役務との使用に関する産業財産権法，著作物とその伝達行為に関する著作権法を取り上げる。さらに，知的財産権管理に関する著作権等管理事業法と信託業法および営業秘密と限定提供データの不正競争の防止とのかかわりをもつ不正競争防止法などを取り上げる。情報法では，情報公開（情報公開法）と個人情報（個人情報保護法）の保護，プロバイダの責任（プロバイダ責任制限法）と不正アクセスの禁止（不正アクセスの禁止）などを取り上げ，自由なデータ流通と電子商取引，放送コンテンツのネット配信に関する法律について解説する。さらに，サイバーセキュリティと情報倫理およびオープンデータ利活用とオープンイノベーションについても言及する。情報の意味の理解の仕方に対応して，情報技術または情報通信技術の発達・普及に伴う利便性と裏腹の情報のリスクは，デジタル社会の光と闇の関係になる。情報は，情報財でとらえられたり，個人情報と法人情報または企業秘密と国家機密情報とよばれたりする。その影響は，知的財産とコンテンツとともに経済安全保障との関連へ及んでいる。

情報技術または情報通信技術の進展による社会への浸透が進むに従って，情報への影響が法制度面で複雑化している。情報ネットワークとウェブ環境またはサイバー空間とフィジカル空間との高度な融合のかかわりの中では，情報財・知的財産・コンテンツの性質とその権利の関係があたかも合従連衡して多様に現れてくる。それは，著作権法，知的財産法，情報法の中で現れる多様性のある情報財・知的財産・コンテンツの人格的価値と経済的価値とのかかわりからの影響になる。情報法では知る権利やプライバシー権とよばれ，知的財産法では知的財産権（産業財産権，著作権，営業秘密）となる。著作権法では著作権と関連権（著作者人格権，著作権，出版権，実演家人格権，著作隣接権）になり，著作権等管理事業法では著作権等（著作権と著作隣接権）になり，コンテンツ基本法では著作権である。情報財・知的財産・コンテンツの構造，それらの権利の構造と帰属などは，それぞれ異なっている。その法的な関係は，情報法と知的財産法および著作権法の個別法の対応に留まらず，それら相互の関係からの対応が必要になる。「情報と法」は，情報技術または情報通信技術の進展が及ぼす社会現象を情報法，知的財産法，著作権法の三つの法体系から概観し，その知識をもとにして情報財・知的財産・コンテンツに関連する多様な法現象を読み解く情報活用能力の涵養を目的とする。

2022年10月

児玉　晴男

目次

1 情報法の体系

《学習の目標》 デジタル社会の形成の推進における情報法は，確立した体系とはいえないが，概ね体系化されている知的財産法（著作権法等）を含む。本章は，情報法と知的財産法（著作権法等）をそれらの基本法とのかかわりから概観する。

《キーワード》 情報，デジタル社会形成基本法・サイバーセキュリティ基本法・官民データ活用推進基本法，知的財産基本法・コンテンツ基本法，情報法，知的財産法，著作権法

1．はじめに

情報の初出は，1876年出版の訳書『佛國歩兵陣中要務實地演習軌典』であり，敵の「情状の報知」という意味をもつ renseignement の訳語といわれる[1]。情報は intelligence に近い意味をもつが，その情報が information の英語訳として定着するうえで，情報理論の導入が契機となる。また，情報という概念は，デオキシリボ核酸（deoxyribonucleic acid : DNA）の発見によって，物質・エネルギーと同列に，客観的対象として自然の中に存在すると認識されている[2]。中国では，情報という用語はあるが，それは我が国の情報とは意味を異にしており，信息と表記される。なお，従来，情報科学が使用されてきたが，現在，データサイエンスという呼称が使用されている。それは，ビッグデータ，それに含まれるパーソナルデータという呼称と連動していよう。ただし，データは，データから情報，さらに知識へといった高度化される過程の関係

1　小野厚夫「45周年記念特別寄稿：情報という言葉を尋ねて⑴」『情報処理』46巻4号（2005年）pp. 347-351。

2　竹内啓『科学技術・地球システム・人間』（岩波書店，2001年）p. 3。

でとらえられる[3]。情報は，多様な意味とかかわりをもっている。

法律については，情報法という体系化したものはない。本書は，情報に関する基本法とその個別法との関係から体系化を試みる。デジタル社会における情報法の体系は，デジタル社会形成基本法と官民データ活用推進基本法およびサイバーセキュリティ基本法，知的財産基本法と「コンテンツの創造，保護及び活用の促進に関する法律（コンテンツ基本法)」のもとに，それぞれ情報法，知的財産法と著作権法が対応する。

それら情報法の体系の中で，情報を合理的に利活用するためには，各種の情報がどのように創造され，保護され，それらがどのようにかかわりをもっているかを理解しておく必要がある。デジタル社会の法律が対象とするものは，サイバー空間（仮想空間）とフィジカル空間（現実空間）とのかかわりの法現象になる。本章は，デジタル社会形成基本法とサイバーセキュリティ基本法および官民データ活用推進基本法との関係から情報法のしくみ，そして知的財産基本法とコンテンツ基本法との関係から知的財産法と著作権法のしくみについて概観する。

2. デジタル社会形成基本法・官民データ活用推進基本法・サイバーセキュリティ基本法と情報法

デジタル社会の形成が我が国の国際競争力の強化および国民の利便性の向上に資するとの観点から，デジタル社会形成基本法[4]が施行されている。デジタル社会とは，インターネットその他の高度情報通信ネット

3　Alvin Toffler, *The Third Wave*（Bantam Books, 1980).

4　デジタル社会形成基本法は，高度情報通信ネットワーク社会（IT社会）の形成に関する施策を迅速かつ重点的に推進することを目的とする高度情報通信ネットワーク社会形成基本法（IT基本法）を継受する。IT基本法では，情報通信技術の活用により世界的規模で生じている急激かつ大幅な社会経済構造の変化に適確に対応することの緊要性を考慮した。IT社会とは，インターネットなどを通じて自由かつ安全に多様な情報または知識を世界的規模で入手し，共有し，または発信することにより，あらゆる分野における創造的かつ活力ある発展が可能となる社会をいう。

ワークを通じて自由かつ安全に多様な情報または知識を世界的規模で入手し，共有し，発信するとともに，人工知能関連技術，インターネット・オブ・シングス活用関連技術，クラウド・コンピューティング・サービス関連技術その他の従来の処理量に比して大量の情報の処理を可能とする先端的な技術をはじめとする情報通信技術（情報通信技術）を用いて電磁的記録として記録された多様かつ大量の情報を適正かつ効果的に活用すること（情報通信技術を用いた情報の活用）により，あらゆる分野における創造的かつ活力ある発展が可能となる社会をいう。電磁的記録とは，電子的方式，磁気的方式その他人の知覚によっては認識することができない方式で作られる記録をいう。

そして，デジタル社会形成基本法と相まって，サイバーセキュリティに関する施策を総合的かつ効果的に推進し，経済社会の活力の向上および持続的発展ならびに国民が安全で安心して暮らせる社会の実現を図るためのサイバーセキュリティ基本法が施行される。サイバーセキュリティとは，電磁的方式により記録，発信，伝送，また受信される情報の漏えい，滅失または毀損の防止その他の情報の安全管理のために必要な措置ならびに情報システムおよび情報通信ネットワークの安全性および信頼性の確保のために必要な措置が講じられ，その状態が適切に維持管理されていることをいう。

また，官民データの適正かつ効果的な活用（官民データ活用）の推進に関する施策を総合的かつ効果的に推進する官民データ活用推進基本法が施行されている。官民データとは，電磁的記録に記録された情報であって，国，地方公共団体または独立行政法人等により，その事務または事業の遂行にあたり，管理，利用，提供されるものをいう。

「世界最先端 IT 国家創造宣言」が出され，その後，官民データ活用推進基本法８条７項の規定に基づき「世界最先端デジタル国家創造宣言・官民データ活用推進基本計画」となる。そして，それら基本計画は,「デジタル社会の実現に向けた重点計画」へ継受されている。その中で，ビッグデータ，オープンコンテンツの活用の推進がうたわれている。新たな情報形態に関する知る権利とプライバシー権との相反する価値の議論がなされ，あわせて情報の創造と保護による経済的価値の利活用の対応が求められている。その社会的規範として，デジタル社会の法律の理解が必要になる。

（1）情報公開法と個人情報保護法

情報技術・情報通信技術の発達・普及は，情報の公開を社会的に要求することになる。他方，その要求は，プライバシーの保護の個人的な要求との相反する評価を促すことになる。そうすると，情報の公開と個人情報の保護との均衡が求められてくる。それは，情報公開法と個人情報保護法との関係になる。

①　情報公開法

情報公開制度は,「行政機関の保有する情報の公開に関する法律（行政機関情報公開法)｣,「独立行政法人等の保有する情報の公開に関する法律（独立行政法人等情報公開法)」等からなる。情報公開制度は，国などの公の機関（すべての行政機関）が自らの業務上の情報（記録等）を広く一般に開示することを目的とする。情報公開制度は，行政機関である国，独立行政法人等，地方公共団体の説明責任（accountability）として，情報の公開を行うものである。

行政機関情報公開法は，行政文書の開示を請求する権利につき定めること等により，行政機関の保有する情報の一層の公開を図ることを目的とする。独立行政法人等情報公開法は，法人文書の開示を請求する権利および独立行政法人等の諸活動に関する情報の提供につき定めること等により，独立行政法人等の保有する情報の一層の公開を図ることを目的とする。そして，何人も開示請求が可能であり，開示請求があった場合は，不開示情報を除いて，原則として開示されなければならない。

② 個人情報保護法

情報公開法の不開示情報の中に，個人情報がある。プライバシーの保護の具体的なものとしては，経済協力開発機構（OECD）において検討されている。1980年9月，「プライバシー保護と個人データの国際流通についてのガイドラインに関するOECD理事会勧告」は，情報の自由な流れとプライバシー保護という競合する価値の調和が掲げられている。その勧告付属文書で，我が国の個人情報保護法の基礎的な考え方にもなっているOECDプライバシー8原則が提唱されている。OECDプライバシー8原則は，個人情報保護法の原則として取り入れられている。

情報公開制度における不開示情報である個人情報は，「個人情報の保護に関する法律（個人情報保護法）」の民間部門，国に関する「行政機関の保有する個人情報の保護に関する法律（行政機関個人情報保護法）」，実質的に政府の一部をなす法人としての「独立行政法人等の保有する個人情報の保護に関する法律（独立行政法人等個人情報保護法）」等により保護される。ただし，それら法律は，個人情報保護法に一本化される。

個人情報保護法は，個人情報の有用性に配慮しつつ，個人の権利利益を保護することを目的とする。行政機関個人情報保護法は，行政の適正かつ円滑な運営を図りつつ，個人の権利利益を保護することを目的とする。独立行政法人等個人情報保護法は，独立行政法人等の事務および事業の適正かつ円滑な運営を図りつつ，個人の権利利益を保護することを目的とする。なお，個人データを取り巻く国際的なかかわりからは，EU

の一般データ保護規則（General Data Protection Regulation：GDPR）の我が国の個人情報保護法への影響がある。GDPRの基本原則は，個人データの取扱いと関連する基本原則（個人データの適法性，公正性および透明性，目的の限定，データの最小化，正確性，記録保存の制限，完全性および機密性，そして管理者のアカウンタビリティ）である。GDPRの適用範囲をEU以外へ広げて適用（域外適用）されることから，GDPRに適合するように，我が国の個人情報保護法の改正がなされている。

情報公開法の知る権利と個人情報保護法のプライバシー権の関係は，「特定秘密の保護に関する法律（特定秘密保護法）」と「行政手続における特定の個人を識別するための番号の利用等に関する法律（マイナンバー法）」にも見られる。

（2）プロバイダ責任制限法と不正アクセス禁止法

個人情報は，セキュリティの保護と関係する。「特定電気通信役務提供者の損害賠償責任の制限及び発信者情報の開示に関する法律（プロバイダ責任制限法）」は，情報の流通においてプライバシー権や著作権の侵害があったときに，プロバイダが負う損害賠償責任の範囲や，情報発信者の情報の開示を請求する権利を規定する。そして，「不正アクセス行為の禁止等に関する法律（不正アクセス禁止法）」は，デジタル社会の健全な発展に寄与することを目的とし，そのために，不正アクセス行為を禁止するとともに，これについての罰則およびその再発防止のための援助措置等を定める。この施策より，本法は，インターネット等を通じて行われる電子計算機に係る犯罪の防止およびアクセス制御機能により実現される電気通信に関する秩序の維持を図り，デジタル社会の健全な発展に寄与することとする。

（3）電子商取引に関する法律

電子商取引に関して，フィンテック（FinTech, Financial Technology）という金融（finance）と技術（technology）を組み合わせた新サービスがある。デジタル社会の形成は，電子商取引その他のインターネット等を利用した経済活動（電子商取引等）の促進等にあり，経済構造改革の推進および産業の国際競争力の強化に寄与するものでなければならない。電子商取引に関する法律は，商取引の電子化に伴う電磁的記録による保存等，特定認証業務の認定制度等，内部統制の目的・基本要素や経営者による内部統制等が規定され，民法の改正もなされている。「資金決済に関する法律（資金決済法）」や金融商品取引法などが暗号資産（仮想通貨）に関連する法律である。また，電子契約法，e-文書法，電子署名法，迷惑メール関連法などがある。電子商取引に関しては，個人情報保護法や不正アクセス禁止法も関係する。

（4）放送法と電気通信事業法

我が国においては放送法に基づき番組（コンテンツ）を送信しているのが放送であり，通信は電気通信事業法に基づいている。実際は，放送と通信とは不可分といえる。放送番組が放送され有線放送され，それがインターネットで公衆送信される。しかも，それらの同時性が指向されている。公衆送信に関しては，著作権法ともかかわりをもつ。その状況に関して，通信と放送の融合から，情報通信法（仮称）の検討がなされ，世界知的所有権機関（World Intellectual Property Organization : WIPO）において「放送機関に関する新条約案」が検討されている。ただし，それらは，法の施行や条約の批准には至っていない。

（5）情報セキュリティ関連法

情報セキュリティ関連法は，上記の法律が直接・間接に関与し，刑法とかかわりをもつ。そして，インターネットその他の高度情報通信ネットワークの整備および情報通信技術の活用の進展に伴って，世界的規模で生じているサイバーセキュリティに対する脅威の深刻化その他の内外の諸情勢の変化がある。情報の自由な流通を確保しつつ，サイバーセキュリティの確保を図ることが喫緊の課題となっている。その課題の対応として，我が国のサイバーセキュリティに関する施策が求められる。デジタル社会形成基本法がデジタル社会の形成に関する施策を迅速かつ重点的に推進する面とすれば，サイバースペースのセキュリティの面を規定するのがサイバーセキュリティ基本法になる。サイバーセキュリティ基本法は，サイバーセキュリティの基本理念とその施策の基本となる事項を定め，国際社会の平和および安全の確保ならびに我が国の安全保障に寄与することを目的とする。本基本法の施策は，デジタル社会形成基本法の基本理念に配慮して行われる。

（6）オープンデータ利活用とオープンイノベーション

オープンデータ利活用に関して，官民が管理・保有するビッグデータを，個人情報保護に配慮しつつ新産業の創出やイノベーションの原動力として広く活用できるような施策が講じられている。それが官民データ活用推進基本法である。オープンデータ利活用は，「デジタル社会の実現に向けた重点計画」と知的財産推進計画で推奨され，それは知的財産権の制限のもとに進められる。オープンデータ利活用によるオープンイノベーションでは，知的財産権の保護とかかわりをもってくる。それは，人工知能（AI）やIoT（モノのインターネット）を活用した産業競争力強化に向けた法制化になる。

3. 知的財産基本法と知的財産法

21世紀の知的創造の潮流の始原は，知的財産権が，関税および貿易に関する一般協定（General Agreement on Tariffs and Trade : GATT）・多角的貿易交渉（ウルグアイラウンド）の知的所有権交渉（Trade-Related Aspects of Intellectual Property Rights : TRIPS）で議題に取り上げられ，経済協力開発機構（Organisation for Economic Co-operation and Development : OECD），さらに世界貿易機関（World Trade Organization : WTO）で知的財産権保護の問題が取り上げられるに従い，従来の知的財産権の考え方を大きく転換することになる。なお，知的財産権侵害と技術の強制的移転は，経済安全保障問題になっている。

デジタル社会において，知的財産の創造，保護および活用の促進とのかかわりがより強調されている。21世紀に入り，2003年３月１日に知的財産基本法が施行されている。知的財産基本法は，知的財産の創造，保護および活用に関する施策を集中的かつ計画的に推進することを目的とする。TRIPS 協定において知的財産権として著作権と産業財産権が定義され，それらは知的財産基本法において知的財産の定義と知的財産権の定義として著作権と産業財産権とが同じカテゴリーで規定されることになる。知的財産基本法23条に基づく知的財産推進計画は，政府の知的財産戦略本部が決定する行動計画のことである。知的財産推進計画には，コンテンツ戦略とクールジャパン戦略というコンテンツ振興とのかかわりが含まれる。それに関しては，知的財産基本法の基本理念にのっとりコンテンツ基本法が施行されている。

（1）産業財産権法

産業財産権法は，特許法，実用新案法，意匠法，そして商標法からなる。産業財産権に関する基本条約は，「工業所有権の保護に関するパリ条約」（Convention de Paris pour la protection de la propriété industrielle）である。その略称であるパリ条約の三大原則は，内国民待遇の原則，優先権制度，各国工業所有権独立の原則である。

内国民待遇の原則とは，自国民と同様の権利を相手国の国民や企業に対しても保障することである。優先権制度とは，いずれかの同盟国において正規の特許，実用新案，意匠，商標の出願をした者は，特許と実用新案については12カ月，意匠と商標については６カ月の期間中，優先権を有するというものになる。この優先権期間中に他の同盟国に対して同一内容の出願を行った場合には，当該他の同盟国において新規性，進歩性の判断や先使用権の発生などについて，第一国出願時に出願したものとして取り扱われる。各国工業所有権（産業財産権）独立の原則は，特許独立の原則として特許権の発生や無効・消滅について各国が他の国に影響されないとするものである。また，商標独立の原則は，同盟国の国民が，他の同盟国において登録出願をした商標については，本国で登録出願，登録，存続期間の更新がされていないことを理由として登録が拒絶，無効とされることはないとの規定になる。いずれかの同盟国において正規に登録された商標は，本国を含む他の同盟国において登録された商標から独立したものになる。ただし，実用新案権，意匠権等の他の工業所有権（産業財産権）については各国独立であることを義務づける規定はない。パリ条約は，1967年以降，いわゆる南北問題により改正されていない。

特許法と実用新案法および意匠法は創作法とよばれることがあり，商標法は標識法とよばれる。特許法は，発明の保護および利用を図ることにより，発明を奨励することによって産業の発達に寄与することを目的とする。実用新案法は，物品の形状，構造または組合せに係る考案の保護および利用を図ることにより，その考案を奨励することによって産業の発達に寄与することを目的とする。意匠法は，意匠の保護および利用を図ることにより，意匠の創作を奨励することによって産業の発達に寄与することを目的とする。そして，商標法は，商標を保護することにより，商標の使用をする者の業務上の信用の維持を図ることによって産業の発達に寄与し，あわせて需要者の利益を保護することを目的とする。

（2）不正競争防止法

不正競争防止法は，事業者間の公正な競争およびこれに関する国際約束の的確な実施を確保している。そして，本法は，不正競争の防止および不正競争に係る損害賠償に関する措置等を講じて，国民経済の健全な発展に寄与することを目的とする。本法は，知的創造に関する保護を知的財産法では不十分な対象も含めて権利者の保護を図る。その中には，営業秘密があり，営業秘密はソースコードやノウハウとして，著作物や発明等に含まれることがある。そして，個人情報が顧客情報であり，建築図面が法人情報であるとき，それらは営業秘密になる。また，ビッグデータの１次データから２次データとして付加価値が施された限定提供データの保護が図られている。

知的財産法は，知的財産基本法をもとに体系化すると，産業財産権法，コンテンツ基本法（著作権法），不正競争防止法等からなる[5]。サイバー空間においては，著作権法よりも，コンテンツ基本法のとらえ方に近いものになっている。

4．コンテンツ基本法と著作権法・著作権等管理事業法

知的財産基本法における著作物と著作権という規定は，コンテンツ基本法に親和性がある。コンテンツ基本法は，コンテンツの創造・保護・

5　知的財産法の体系は，特許庁と文化庁が管轄する知的財産法のほかに，農林水産省が管轄する種苗法と「特定農林水産物等の名称の保護に関する法律（地理的表示法）」が含まれる。

活用の促進に関する基本理念とその施策の基本となる事項ならびにコンテンツ事業の振興に必要な事項を定めること等により，それら施策を総合的かつ効果的に推進し，国民生活の向上および国民経済の健全な発展に寄与することを目的とする。本基本法の目的は，著作権法の目的とは異なる。我が国においては，コンテンツ基本法と著作権法および著作権等管理事業法の三つの法律が複雑に絡み合っている。

著作権法は，著作物ならびに実演，レコード，放送および有線放送に関し著作者の権利およびこれに隣接する権利を定めている。本法は，それらの文化的所産の公正な利用に留意しつつ，著作者等の権利の保護を図り，文化の発展に寄与することを目的とする。著作権に関する基本条約は，「文学的及び美術的著作物の保護に関するベルヌ条約」（the Berne Convention for the Protection of Literary and Artistic Works）である。その略称であるベルヌ条約の特徴は，内国民待遇，無方式主義，著作者の人格的権利（author's moral rights）の保護，遡及効，著作者の経済的権利（author's economic rights）の保護期間等に関する規定にある。実演家，レコード製作者および放送機関の著作物に関する権利（著作隣接権）の国際条約は，1961年にイタリアのローマにおいて作成された「実演家，レコード製作者及び放送機関の保護に関する国際条約」（International Convention for the Protection of Performers, Producers of Phonograms and Broadcasting Organizations）である。その略称であるローマ条約は，内国民待遇と連結点，保護の範囲，保護期間，不遡及等になる。

ベルヌ条約は，1971年以降，改正されていない。それは，パリ条約と共通する面があり，発展途上国と先進国との不調和による南北問題が原因である。その検討は，WIPOでなされることになる。著作権に関しては，「著作権に関する世界知的所有権機関条約」（WIPO Copyright Treaty :

WCT）が1996年12月に作成され2002年３月６日に発効した。WCT は，コンピュータ・プログラム，データの編集物，頒布権，貸与権，著作物のデジタル送信，技術的措置の回避，電子的権利管理情報の改ざん等を規定する。著作隣接権に関して，WCT と同時に1996年12月に作成され，2002年３月６日に発効した「実演及びレコードに関する世界知的所有権機関条約」（WIPO Performances and Phonograms Treaty : WPPT）は，実演家人格権，固定されていない実演に関する放送権等，貸与権，アップロード権等について規定する。ローマ条約を継受する WPPT では，放送事業者は「放送機関に関する新条約案」として別に検討され，実演に関しても WPPT の後に「視聴覚的実演に関する北京条約」において検討されることになる。

また，著作権法の法目的と同様の文化の発展に寄与することを目的とする法律に著作権等管理事業法がある。著作権等管理事業法は，著作権と著作隣接権の管理を委託する者を保護するとともに，著作物，実演，レコード，放送と有線放送の利用を円滑にすることによって文化の発展に寄与することを目的とする。デジタル社会における著作権法は，コンテンツ基本法および著作権等管理事業法の権利の対象の違いも考慮して理解する必要がある。

5．おわりに

情報技術・情報通信技術の社会への浸透が進むに従って，情報の及ぼす影響が法制度面で進展を見せている。それは，情報法，知的財産法，著作権法のしくみに対する影響であり，情報の財産的価値およびプライバシーとセキュリティからの影響になる。

一般に，著作権法は一つの法律からなるとされる。それに対して，知的財産法と情報法は，一つの法律ではなく，複数の法律からなってい

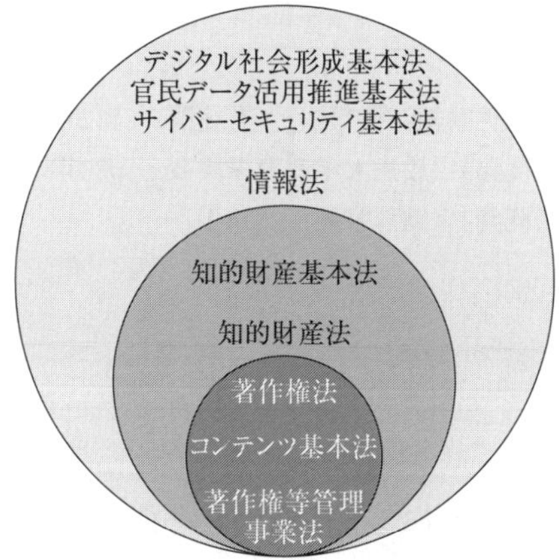

図１－１　情報法の体系

る。しかし，我が国の著作権制度においては，コンテンツ基本法と著作権法および著作権等管理事業法の三つの法律が複雑に絡み合っている。そして，それらの法律は，情報法が知的財産法を包含し，知的財産法が著作権法を包含する関係になる。

デジタル社会においては，情報技術・情報通信技術と社会との関係の中で，情報の円滑な流通と利用の促進および情報セキュリティの確保とプライバシーの保護とのかかわりから，著作権・知的財産権および情報セキュリティ・情報倫理に関する法制度の理解を深めることが重要となる。

以下の各章で，デジタル社会の情報の諸相について，知的財産基本法とコンテンツ基本法とのかかわりから知的財産法の産業財産権法，不正競争防止法，そして著作権法・著作権等管理事業法を説明する。そして，知的財産基本法とコンテンツ基本法の知的財産法とのかかわりと，デジタル社会形成基本法・官民データ活用推進基本法・サイバーセキュリティ基本法とのかかわりから，情報法についてできるだけ体系化（図１－１）して説明する。

参考文献

(1) 宇賀克也・長谷部恭男共編『情報法』(有斐閣，2012年)
(2) 児玉晴男『知財制度論』(放送大学教育振興会，2020年)
(3) 斉藤博『著作権法概論』(勁草書房，2014年)

学習課題

1）デジタル社会形成基本法と官民データ活用推進基本法およびサイバーセキュリティ基本法の規定から，情報法における知る権利，プライバシー権，セキュリティ，オープン化に関して調べてみよう。
2）知的財産基本法の規定から，知的財産法で保護される知的財産と知的財産権の対応の関係を調べてみよう。
3）コンテンツ基本法と著作権法および著作権等管理事業法との違いを調べてみよう。

2　知的財産の創造・保護・活用の推進

《学習の目標》 知的財産推進計画が定められ，それを推進することを目的に知的財産基本法が施行されている。本章は，知的財産推進計画と知的財産基本法を概説し，デジタル社会の「人間の創造的活動により生み出されるもの」を考える。
《キーワード》 知的財産推進計画，知的財産，知的財産権，知的財産基本法，新たな知的財産

1．はじめに

21世紀における我が国の産業はものづくりから知的財産を活用した産業へシフトさせ，知的財産立国が掲げられている。知的財産立国とは，知的財産をもとに，製品やサービスの高付加価値化を進め，経済・社会の活性化を図る国づくりをいう。我が国として知的財産戦略を樹立し，必要な政策を強力に進めていくために，2002年２月25日に知的財産戦略会議の開催が決定され，同年７月３日に知的財産戦略会議は知的財産戦略大綱を決定する。知的財産戦略大綱では，我が国の産業競争力低下の懸念に対して，知的創造サイクルの確立の必要性が求められ，競争政策の重要性と表現の自由などが重視される。知的財産立国の実現に向けた戦略として，知的財産に関する創造戦略，保護戦略，活用戦略，そして人的基盤の充実に関する総合的な取組みが必要になる。

そして，2003年３月１日に知的財産基本法が施行されて，知的財産戦略本部が設置される。知的財産戦略本部は，内外の社会経済情勢の変化

に伴い，我が国の産業の国際競争力の強化を図ることの必要性が増大している状況を考慮して，知的財産の創造，保護および活用に関する施策を集中的かつ計画的に推進するために，内閣に設置される。

知的財産の創造，保護および活用を促進するための推進計画である知的財産推進計画が2003年度から毎年閣議決定されている。本章は，知的財産推進計画，知的財産基本法について概観し，新たな知的財産について考える。

2．知的財産推進計画

知的財産推進計画は，知的財産の創造，保護および活用を促進する施策である。2003年7月8日に決定されたときは，「知的財産の創造，保護及び活用に関する推進計画」であり，その後の改定で，「知的財産推進計画」となっている。

知的財産推進計画は，知的財産の創造分野・保護分野・活用分野，コンテンツ振興，そして知的財産関連人材の育成と国民意識の向上を指向する。そのとらえ方は，「知的財産推進計画2019」を境にして，趣を異にしている。それは，「知的財産推進計画2018」までの知的財産戦略である知的創造サイクルを指向するものから，「知的財産推進計画2019」では2030年頃を見据えた知的財産戦略として価値デザイン社会の実現への展開を図っている。ただし，価値デザイン社会の実現は，知的財産の創造と保護および活用の促進による知的創造サイクルの好循環が前提となって達成しうる。

（1）知的財産立国の実現

2018年までの知的財産戦略は，知的財産立国の実現にある。その資源としては，知的財産の保護の強化，大学等の活用を通じた知的財産の創造，知的財産を理解した人的基盤の充実がある。ビジネスモデルは，価値創造メカニズムになり，技術移転，知的財産流通を通じた知的財産を活用することである。これまでの知的財産戦略は，資源とビジネスモデルとが循環して，知的創造サイクルの好循環により，知的財産立国が実現されるという観点である。これまでの知的財産戦略の知的創造サイクルの形成における問題点（課題）は，技術だけではイノベーションを起こせないということと，経営と知的財産の結び付きが不足する傾向にあり，「使う」より「守る」意識，すなわち知的財産の活用より知的財産の保護の意識が強くてオープンイノベーションが萎縮していることが指摘されている。

「知的財産政策ビジョン」（2013年）では，①グローバル知財システムの構築，②中小・ベンチャー企業支援，③デジタル・ネットワーク社会への対応，④ソフトパワーの強化が策定されている。しかし，社会の変化と新たな知財戦略ビジョン検討・ビジョンが策定された2013年当時の想定を超えて，社会の諸状況が変化しており，これに対応するため，2030年頃を見据え，我が国の社会と知的財産システムについて中長期の展望と施策の方向性を示す「知的財産戦略ビジョン」（2018年6月）が取りまとめられ，「価値デザイン社会」が提示されている。このビジョンが共有されながら，毎年の知的財産推進計画が策定され，我が国の知的財産戦略が推進されるとする。

「知的財産推進計画2018」は，これまでの知的財産戦略ビジョンの成果を基盤としながら，①Society5.0[1]の取組加速と「持続可能な開発目標（Sustainable Development Goals：SDGs）」の実現に向けた機運醸成，②ブロックチェーン，量子コンピューティングなど新技術の社会展開，③訪日外国人の増加と外国人の定住化の広がりなどの社会の諸状況の変化を考慮し，プロイノベーション戦略を基調とする新たなビジョン

1　Society5.0は，サイバー空間（仮想空間）とフィジカル空間（現実空間）を高度に融合させたシステムをいう。Society5.0以前の社会は，Society1.0が狩猟，Society2.0は農耕，Society3.0は工業，Society4.0が情報になる。

への起点を設定する。それは，1．これからの時代に対応した人・ビジネスを育てる，2．挑戦・創造活動を促す，3．新たな分野のしくみをデザインするという3本柱のもとに重点事項が整理されている。

（2）価値デザイン社会の実現

「知的財産推進計画2019」では，「知的財産戦略ビジョン」（2018年6月）で提示された2030年頃を見据えた知的財産戦略を達成するための移行戦略，すなわち毎年の知的財産推進計画で具体化して，2030年頃を見据えた知的財産戦略は価値デザイン社会の実現を指向するものである。価値デザイン社会は，資源としては多様な個性が発揮する多面的能力と日本らしさおよび新しい知的資産があり，ビジネスモデルの価値創造メカニズムとしては新しい多様な価値（経済的価値に限らない）を次々に構想し発信し世界に認められることにあり，提供価値（output）としては様々な新しい価値（outcome）世界からの共感があり，それらが相互に循環するしくみにより実現する。外部環境としては，供給主導から需要主導へ，モノからコト消費へと比重が移行し，共感やシェアリングを重視し，SDGsに対する認識の向上になる。

価値デザイン社会の実現は，知的財産立国を基盤に，夢と技術とデザインが掛け合わされた未来になり，そこでは三つの柱が提示されている。第一の柱は，脱平均の尖った人の発想で個々の主体を強化し，中小・ベンチャー企業のチャレンジを促すことである。それは，尖った才能が活躍しやすい社会を目指している。第二の柱は，融合・分散した多様な個性の融合を通じた新結合を加速することである。それは，実質的なオープンイノベーションを加速し，個性，アイデアが出会う場としてのプラットフォームを整備・活用し，データ・AIを活用した価値のデザインを円滑化する方向性になる。第三の柱は，共感を通じて価値が実現しやすい環境を作ることである。それは，共感を通じた価値の実現を円滑化し，調達など実際の経済活動において，共感が取引価格に反映される例を増やし，共感を意識した新しい知財システムを作り，世界からの共感を軸としてクールジャパン戦略を再構築することにある。

3．知的財産基本法

(1) 総　則

知的財産基本法は，知的財産の創造，保護および活用に関する施策を集中的かつ計画的に推進することを目的とする（同法１条)。なお，基本理念に国民経済の健全な発展および豊かな文化の創造に寄与と明記されており，また「コンテンツの創造，保護及び活用の促進に関する法律(コンテンツ基本法)」が知的財産基本法の理念によることから，知的財産基本法の法目的もコンテンツ基本法の法目的と同様に国民生活の向上および国民経済の健全な発展に寄与することといってよいだろう。知的財産基本法は，知的財産の創造，保護および活用に関し，基本理念およびその実現を図るために基本となる事項を定め，国，地方公共団体，大学等および事業者の責務を明らかにし，ならびに知的財産推進計画の作成について定めるとともに，知的財産戦略本部の設置を規定する。

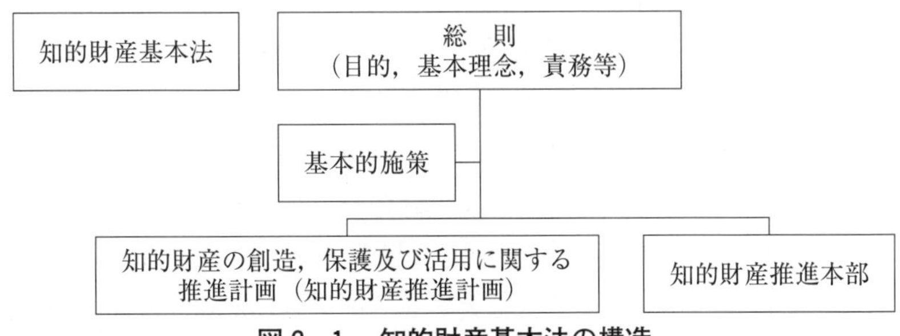

図２−１　知的財産基本法の構造

知的財産基本法は，知的財産と知的財産権を定義する。知的財産とは，発明，考案，植物の新品種，意匠，著作物その他の人間の創造的活動により生み出されるもの，商標，商号その他事業活動に用いられる商品または役務を表示するものおよび営業秘密その他の事業活動に有用な技術上または営業上の情報をいう（同法２条１項）。その他の人間の創造的活動により生み出されるものは，発見または解明がされた自然の法則または現象であって，産業上の利用可能性があるものが含まれる。それは，AI 創作物が想起される。そして，知的財産権とは，特許権，実用新案権，育成者権，意匠権，著作権[2]，商標権その他の知的財産に関して法令により定められた権利または法律上保護される利益に係る権利をいう（同法２条２項）。その他の知的財産に関して法令により定められたものに半導体チップ面の回路配置利用権がある。また，法律上保護される利益に係る権利にはパブリシティ権がある。パブリシティの権利は，明記されている法律はなく，判例を通じて権利の保護が形成されているものである[3]。

知的財産の創造，保護および活用に関する施策の推進は，国民経済の健全な発展および豊かな文化の創造に寄与するものとなること，そして我が国の産業の国際競争力の強化および持続的な発展に寄与するものとなることを旨として行われなければならない（同法３条，４条）。その基本理念にのっとって，国と地方公共団体は，それぞれの施策を策定し，実施する責務を有し（同法５条，６条），大学等は，人材の育成ならびに研究およびその成果の普及に自主的かつ積極的に努めるものとする。また研究者および技術者の適切な処遇の確保ならびに研究施設の整備および充実に努め（同法７条１項，２項），事業者は，事業者もしくは他の事業者が創造した知的財産または大学等で創造された知的財産の積極的な活用を図るとともに，事業者が有する知的財産の適切な管理に努める

2　著作物と著作権の関係は，我が国の著作権法では著作物は著作者の権利になる。

3　最一判平成24年２月２日（平成21年（受）2056号）。

ものとする（同法８条１項）。国，地方公共団体，大学等および事業者は，相互に連携の強化を図り（同法９条），知的財産の保護および活用に関する施策の推進は，公正な利用および公共の利益の確保に留意するとともに，公正かつ自由な競争の促進が図られるよう配慮しなければならない（同法10条）。知的財産基本法は，国，地方公共団体，大学等および事業者が連携して，知的財産の創造に関して支援する観点にある。

（２）基本的施策

国は，科学技術の振興に関する方針（科学技術・イノベーション基本法２条）に配慮しつつ，創造力の豊かな研究者の確保および養成，研究施設等の整備ならびに研究開発に係る資金の効果的な使用その他研究開発の推進に必要な施策を講ずるものとする（知的財産基本法12条）。国は，大学等における知的財産に関する専門的知識を有する人材を活用した体制の整備，知的財産権に係る設定の登録その他の手続きの改善，市場等に関する調査研究および情報提供その他必要な施策を講ずるものとする（同法13条）。そして，国は，事業者，大学等その他の関係者に高度情報通信ネットワークの利用を通じて迅速に情報を提供できるよう必要な施策を講じ，知的財産に関する知識の普及のために必要な施策を講じ，知的財産に関する専門的知識を有する人材の確保，養成および資質の向上に必要な施策を講ずるものとする（同法20条～22条）。基本的施策は，イノベーションの創出および科学技術・イノベーション創出の振興とかかわりをもっている。

（３）知的財産推進計画

知的財産戦略本部は，知的財産推進計画を作成しなければならない（知的財産基本法23条１項）。知的財産推進計画は，知的財産の創造，保護および活用のために政府が集中的かつ計画的に実施すべき施策に関する基本的な方針，知的財産の創造，保護および活用に関し政府が集中的かつ計画的に講ずべき施策，知的財産に関する教育の振興および人材の確保等に関し政府が集中的かつ計画的に講ずべき施策，知的財産の創造，保護および活用に関する施策を政府が集中的かつ計画的に推進するために必要な事項について定める（同法23条2項）。

知的財産立国の実現から価値デザイン社会の実現へ移行してから，2020年は新型コロナウイルス感染症（COVID-19）のパンデミックの中で，「知的財産推進計画2020～新型コロナ後の「ニュー・ノーマル」に向けた知財戦略～」では，「ニュー・ノーマル」と知的財産戦略として，イノベーションエコシステムにおける戦略的な知財活用の推進等が掲げられている。また，「知的財産推進計画2021～コロナ後のデジタル・グリーン競争を勝ち抜く無形資産強化戦略～」では，競争力の源泉たる知財の投資・活用を促す資本・金融市場の機能強化，21世紀の最重要知財となったデータの活用促進に向けた環境整備が含まれる。「知的財産推進計画2022～意欲ある個人・プレイヤーが社会の知財・無形資産をフル活用できる経済社会への変革～」では，スタートアップ・大学の知財エコシステムの強化，知財・無形資産の投資・活用促進メカニズムの強化，デジタル社会の実現に向けたデータ流通・利活用環境の整備がある。

（4）知的財産戦略本部

知的財産の創造，保護および活用に関する施策を集中的かつ計画的に推進するために，内閣に，知的財産戦略本部が置かれている（知的財産基本法24条）。知的財産戦略本部の所掌事務は，知的財産推進計画を作成することとその実施を推進すること，知的財産の創造，保護および活用に関する施策で重要なものの企画に関する調査審議，その施策の実施の推進ならびに総合調整に関することがある（同法25条)。知的財産戦略本部は，知的財産の創造・保護・活用に関与する。

4．新たな知的財産 ——人間の創造的活動により生み出されるもの

人間の創造的活動により生み出されるものには，発見または解明がされた自然の法則または現象であって，産業上の利用可能性があるものを含む。自然法則との関連で問題となったものに，カーマーカー法特許がある[4]。自然の法則または現象を，サイバー空間（仮想空間）とフィジカル空間（現実空間）を高度に融合させたシステムにより，経済発展と社会的課題の解決を両立する人間中心の社会（Society）の観点から理解するならば，まず想起されるのがAI創作物である。それは，まったく新しい知的財産として見るのではなく，まずは既存の知的財産の組合せとして検討することに意味があろう。

AI技術開発における成果の客体がAI創作物であり，その主体がAI創作物の創作者になり，それを起点にしてAI創作物の権利帰属の関係がある。本節は，AI技術開発におけるAI創作物とAI創作物の創作者およびAI創作物の権利帰属について考える。

（１）AI創作物

AI創作物と知的財産との関係は，著作物として保護される対象になりうる。また，AI創作物が「発見又は解明がされた自然の法則又は現象であって，産業上の利用可能性があるもの」（知的財産基本法２条１項）であれば，発明として保護される対象にもなりうる。そして，AI

4　線形計画法（linear programming）としては，境界を迂回して最適頂点を探査（access）していくシンプレックス法が広く用いられていたが，以前から直感的に内部を探査していく方法のほうが効率的ではないかと想像されていた。カーマーカー法は，後者の内部を移動していく方法の一つとして発表されたものである。

創作物は，科学論文（著作物）として公表され，特許発明として公開されなければ，営業秘密の対象にもなる。また，特許発明が秘密特許になり，営業秘密が企業秘密と国家機密および特定秘密とかかわりをもつことがある。したがって，AI創作物は，著作物性，特許性，秘密性，そして機密性が想定できる[5]。

① 著作物性

AI創作物の中に，思想または感情を創作的に表現したもの，すなわち著作物性（copyrightability）があれば，それは，著作権法で保護される文芸，学術，美術または音楽の範囲に属する著作物[6]である（著作権法２条１項１号）。著作物は，著作者の権利が創作時に発生する（同法17条１項）。著作権法は，無方式主義をとっており，登録，表示など何らの方式も必要とされないで著作者の権利は発生する（同法17条２項）。ここで，AI創作物は，人格権（著作者人格権）と財産権（著作権）からなる。

② 特許性

AI創作物に自然法則を利用した技術的な思想の創作のうち高度なものが含まれていれば，特許性（patentability）があり，特許発明になりうる（特許法２条１項）。ただし，特許性は，技術的な思想の創作であればよいわけではなく，新規性，進歩性，産業上利用可能性が求められる（同法29条）。また，AI創作物がAIによるとしても，新規性，進歩性，産業上利用可能性の判断は人間（審査官）によっている。発明の創作時に，将来に特許権となりうる特許を受ける権利が発生する。特許法は，方式主義をとっており，特許権を得るためには一定の手続きが必要

5　児玉晴男「IoT/M2Mと人工知能による人工物における情報管理」『企業法学研究』第５巻第１号（2017年）pp. 1-24。

6　米国は，著作物の要件に有形的な媒体への固定を前提とする。米国以外の著作物の保護に有形的な媒体への固定を要件としない国では，著作物とその伝達行為，すなわち著作者の権利および著作隣接権が保護される対象になる。米国では著作隣接権の概念を有しないが，AI創作物の情報ネットワークとウェブ環境においては，著作物の伝達行為はAI創作物へ内包される。

である。一定の手続きとは，特許を受けようとする者は，特許出願の願書に必要事項を記載して特許庁長官に提出しなければならない。そして，特許料を納付し，設定登録されると特許権が発生する（同法66条1項）。また，発明者は，特許証に発明者として記載される権利を有する（パリ条約4条の3）。発明者の名誉権として，発明者の氏名を特許証に記入すべく義務づけが発明者掲載権として認められている。AIは，現状でも，特許を受ける権利と発明者掲載権は享受できるかもしれないが，一定の手続きが必要であることから，特許権を取得することはできない。なお，ソフトウェアがプログラムの著作物とネットワーク型特許（物の発明）として同一の対象に認めうることから，それらの創作時に著作者人格権と対応づけられる発明者人格権が想定されてもよい。

③　秘密性

AI創作物は，知的財産の構造が相互に関連する。AI創作物がソフトウェアであれば著作物性と特許性の対象となり，ソースコードは営業秘密[7]になりうる。すなわち，著作物として公表されるか，特許発明として公開されるか，営業秘密とされ非公表・非公開とされるかの場合がある。営業秘密は，秘密として管理されている生産方法，販売方法その他の事業活動に有用な技術上または営業上の情報であって，公然と知られていないものをいう（不正競争防止法2条6項）。営業秘密の秘密管理性，有用性，非公知性の3要件すべてを満たすことが不正競争防止法に基づく保護を受けるために必要となる。

④　機密性

産業スパイ条項（不正競争防止法2条1項5号，6号）の営業秘密や軍事技術との関連の秘密特許は，機密性の対象になる[8]。営業秘密が企業秘密と国家機密および特定秘密と関連づけられるとき，それらは，情

7　オブジェクトコードと機械語も営業秘密になり，たとえば機械同士が機械語で会話する状況はAIのブラックボックス化とよびうる。

8　スパイ行為に関する法令に「外国為替及び外国貿易法（外為法）」があるが，スパイ行為自体を取り締まる法律の整備は我が国ではなされていない。

報公開制度における不開示情報の法人情報と国家安全情報に対応し，「特定秘密の保護に関する法律（特定秘密保護法）」の特定秘密とかかわりが生じうる。また，「外国為替及び外国貿易法（外為法）」の役務取引等の技術提供の形態は技術データと技術支援になり，そこには著作物性または特許性のある民生用の知的財産も機密性の対象になりうる。

（2）AI創作物の創作者

AI創作物の創作者は，原則，自然人になるが，著作物性のあるAI創作物の著作者は法人もなりうる（著作権法15条2項）。我が国は，AIと人間とのかかわりに関する検討で，人間中心のAI社会の観点から，人と協調できるAIを中期目標とする[9]。そして，EUでは，信頼できるAIは合法的で倫理的，堅固であるべきとし，その条件の7要件[10]においてAIが人間の活動と協調関係にあることを前提とする。そして，強いAIまたはムーンショット目標3でのAIとロボットでは，AIに創作者が想定しうる[11]。なお，AIは，現行の特許法では発明者となりえないが，現行の著作権法でもAIを法人に擬制した著作者または自然人の人格権を享有しない実演家は想起しえよう。

（3）AI創作物の権利帰属

AI創作物の権利帰属は，創作者と権利者がかかわりあう。AI創作物は各知的財産を横断しているが，著作物と発明との権利帰属には違いが

9　人間中心のAI社会原則検討会議「人間中心のAI社会原則」（2019年3月29日）。

10　7要件とは，人間の活動と監視，堅固性と安全性，プライバシーとデータのガバナンス，透明性，多様性・非差別・公平性，社会・環境福祉，説明責任である（High-Level Expert Group on Artificial Intelligence, *EU Ethics Guidelines for Trustworthy AI*（2019）pp.15–20.）。

11　ムーンショット目標3は，2030年または2050年までに，AIとロボットの共進化により，自ら学習・行動し人と共生するロボットの実現を掲げる（総合科学技術・イノベーション会議「ムーンショット型研究開発制度が目指すべき「ムーンショット目標」について（令和2年1月23日）」pp. 6–7）。

ある。それは，AI 創作物の創作者帰属と法人帰属にも見られる。AI 創作物は，著作物と発明などの無体物の知的財産と関連づけられる。公表され公開され知的財産の保護と活用に関する知財管理があり，営業秘密は知的財産法のもとに秘密管理の対象になり，また知的財産が産業スパイ行為・スパイ行為と秘密特許，そして企業秘密と国家機密および特定秘密と関連づけられるとき国家間の知的財産権侵害に対する知的財産法の枠外で安全保障管理の対象になる。それらは，個別に対応するものではあるが，著作物性と特許性および秘密性ならびに機密性が想定される AI 創作物において，知財管理と秘密管理および安全保障管理の連携が指向される。

AI 技術開発における総合的な知財管理は，企業の知財戦略の定常時と緊急時の対応を指向する。AI 技術開発は，企業と国家間または国際間の観点からは，通常の個人間または個人と企業間あるいは企業間の知財管理とは別な観点が関与する。サイバー攻撃による知的財産の漏えいまたは産業スパイ行為・スパイ行為は，知財管理と秘密管理とともに安全保障管理がかかわってくる。営業秘密または企業秘密の管理主体は事業者である。しかし，国家機密の管理主体は，知的財産法上において，国という法的な根拠が明確ではない。もし AI 創作物が秘密特許，企業秘密，国家機密として企業と国家間または国際間の関係にあれば，それらの管理主体が国になる場合が想定されてもよい。個人間，個人と企業，そして企業間を想定する知的財産権侵害が企業と国家間または国際間に派生している状況を踏まえたとき，国益の面から国の対応が求められてくる。個人間，個人と企業間，企業間の知的財産権侵害は，それらの知的財産権の帰属の面から判断される。そして，企業活動と AI 技術開発による知的財産権管理は，知的財産権の行使が公共の福祉に反する場合は国に知的財産権の利用権の帰属のもとに対応し，または国に AI

創作物を日本国民共有の財産としての対応が考えられる。

AI 技術開発の産官学連携と国際共同研究開発を適正に進めるための法的な対応は，情報法を横断する知的財産権管理と秘密管理および安全保障管理のシームレスな連携になる。

5. おわりに

知的財産推進計画が知的財産立国の実現から価値デザイン社会の実現へ展開している。ただし，それらの計画の内容は，知的財産の創造分野・保護分野・活用分野，そして知的財産関連人材の育成と国民意識の向上になり，副題が異なっていても整合している。

知的財産の創造・保護・活用に関する法制度は，知的財産法によって保護される。知的財産基本法では，著作権法と産業財産権法とは，「知的所有権の貿易関連の側面に関する協定（TRIPS 協定）」と同一のステージでとらえられている。そして，知的財産基本法における知的財産と知的財産権の規定は，産業財産権法，コンテンツ基本法（著作権法・著作権等管理事業法），不正競争防止法等で保護される対象になっている（図 2−2 参照）。

知的財産推進計画等では，第四次産業革命の新たな情報財として，IoT

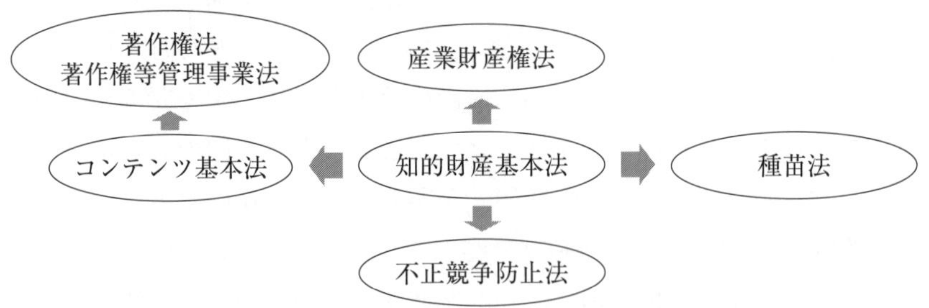

図 2−2　知的財産基本法と知的財産法との関係

データと AI 創作物の知的財産保護の対応がうたわれている。それらの人間の創造的活動により生み出されるものの課題は，著作権法・著作権等管理事業法（コンテンツ基本法），知的財産法，そして情報法，さらに科学技術・イノベーション基本法において想定できる科学技術・イノベーション法[12]と，それらの法律の総合的な関係からの対応を要する。

参考文献・資料

(1) 児玉晴男『知財制度論』(放送大学教育振興会，2020年)

(2) 「知的財産の創造，保護及び活用に関する推進計画」
https://www.kantei.go.jp/jp/singi/titeki2/kettei/030708f.html

(3) 「知的財産推進計画」
https://www.kantei.go.jp/jp/singi/titeki2/

(4) 児玉晴男「AI 技術開発における総合的な知財管理」『パテント』74巻 6 号（2021年）pp. 76-85

学習課題

1）知的財産推進計画の各年度の知的財産の創造，保護および活用の施策について調べてみよう。

2）知的財産基本法の知的財産と知的財産権の対応の関係を確認してみよう。

3）人間の創造的活動により生み出されるものの在り方について考えてみよう。

12　放送大学大学院修士課程オンライン授業科目「統合イノベーション制度研究（'21)」

3 発明・考案・意匠の創作

《学習の目標》 情報が発明，考案，意匠の創作に関係するとき，それらは特許法・実用新案法・意匠法で特許権・実用新案権・意匠権として保護される。本章は，産業財産権法（特許法・実用新案法・意匠法）のしくみについて概観する。

《キーワード》 発明・考案・意匠の創作，発明者・考案者・意匠の創作者，特許権・実用新案権・意匠権，特許権者・実用新案権者・意匠権者，特許法・実用新案法・意匠法

1．はじめに

知的財産基本法2条1項と2項の知的財産と知的財産権の定義からいえば，発明は特許権として保護され，それは我が国では特許法で規定される。考案は実用新案権として保護され，それは我が国では実用新案法で規定される。デザイン（意匠）は意匠権として保護され，それは我が国では意匠法で規定される。ただし，発明と考案および意匠の創作の保護のしくみは，国によって異なる。

米国における特許（patent）は，日本における特許発明と登録意匠の両方を含む。米国においては，発明を示すためには utility patent，意匠（インダストリアルデザイン）を示すためには design patent と表記される。また，我が国の特許法と実用新案法および意匠法は，中国では，専利法で包括して規定され，発明創造に発明と実用新型（考案）と外観設計（意匠）を含め専利権（特許権）が付与される。

我が国では，発明・考案・意匠の創作は，それぞれ特許法と実用新案法および意匠法の個別の法律で保護される。しかし，発明・考案・意匠の創作が著作物と関連を有する情報といえることから，それらを架橋する観点からとらえることも必要である。本章は，産業財産権法（特許法・実用新案法・意匠法）について，発明・考案・意匠の創作，発明者・考案者・意匠の創作者，特許権者・実用新案権者・意匠権者，特許権・実用新案権・意匠権について，それらの対応関係から概観する。

2. 発明・考案・意匠の創作

特許法は，発明の保護および利用を図ることにより，発明を奨励し，産業の発達に寄与することを目的とする（同法１条）。発明は，物と方法および物を生産する方法になり，自然法則を利用した技術的な思想の創作のうち高度なものでなければならない（同法２条）。発明は，新規性と進歩性，そして産業上の利用可能性が要件になる（同法29条）。そして，実用新案法は，物品の形状，構造または組合せに係る考案の保護および利用を図ることにより，その考案を奨励し，産業の発達に寄与することを目的とする（同法１条）。考案は，物品の形状，構造または組合せからなり，自然法則を利用した技術的な思想の創作になる（同法２条）。考案は，発明と同様に，新規性・進歩性・産業上の利用可能性が要件になる（同法３条）。ただし，発明と考案との利用および特許権と実用新案権との抵触の関係からいえば，考案が技術的な思想の創作のうち高度なものが含まれていてもよいことになる。

また，意匠法は，意匠の保護および利用を図ることにより，意匠の創作を奨励し，産業の発達に寄与することを目的とする（同法１条）。意匠は，物品の形状，模様もしくは色彩またはこれらの結合で視覚を通じて美感を起こさせるものになる（同法２条）。意匠は，審美性と機能性を兼ね備えるデザインになる。意匠は，新規性と創作非容易性および工業上の利用可能性が必要になる（同法３条）。意匠が工業製品を対象とすることから，発明と考案は産業上の利用可能性が必要とされる点で表記が異なる。ただし，発明と考案および意匠の創作との利用ならびに特許権と実用新案権および意匠権との抵触の関係にあることからいえば，意匠の創作は自然法則を利用した技術的思想の高度なものが含まれ，それは進歩性の判断の対象になりうる。そして，工業は英語表記で industrial になり，それは産業と表記されていることから，特に表記を分ける必要性はない。なお，意匠は，デザインのコンセプトを保護する。デザインのコンセプトは，類似の範囲を拡張するものではないことから，関連意匠，すなわち互いに類似する意匠とともに一体化する。

なお，意匠法は，特許法と実用新案法と異なる規定をもつ。部分意匠，すなわち物品の部分に係る意匠についても意匠登録が可能である。そして，動的意匠，すなわち形態が変化する物品における形態の変化の前後に係る意匠について意匠登録が可能である。さらに，組物の意匠も意匠登録ができる。同時に使用される二以上の物品であって，経済産業省令で定める物（組物）を構成する物品に係る意匠が全体として統一のあるとき，一意匠としての出願ができ意匠登録が可能である。経済産業省令で定める物（組物）は，１から43まであり，30に一組の電気・電子機器セット，31に一組の電子情報処理機器セット，37に一組の医療用機器セットがある（意匠法施行規則別表（８条関係））。

発明が自然法則の利用との関係でプログラムが装置との一体化による保護が模索され，考案と意匠も物品との不可分性がいわれる。ところが，装置との一体化や物品の不可分性とはいえない形態で，発明・考案・意匠の創作が保護されている。プログラムは，ネットワーク型特許として物の発明として保護される（特許法２条３項１号）。表計算ソフトは，考案の保護の対象になりうる。グラフィカルユーザインタフェース（GUI）の画面は，意匠として保護されることはない。そして，ゲームを行っている状態の画面は，意匠の保護の対象とはならない。ところが，ゲーム機の制御や設定を行う操作のための画面は保護の対象となる（意匠法2条2項）。ここでは，情報家電等の操作画面（初期画面以外の画面や別の表示機器に表示される画面）のデザインが保護対象になっている。情報家電の操作手順は，びっくり箱のような動的意匠とのかかわりが想起できる。本来，発明・考案・意匠の創作の保護の形態は無体物である。情報ネットワークとウェブ環境では，発明・考案・意匠の創作は，デジタルコンテンツの表現型としてとらえうる。

3．発明者・考案者・意匠の創作者および特許権者・実用新案権者・意匠権者

（1）発明者・考案者・意匠の創作者

発明者は，産業上利用することができる発明をした者である（特許法29条1項柱書）。そして，考案者は，産業上利用することができる考案であって物品の形状，構造または組合せに係るものを考案した者である（実用新案法3条1項柱書）。また，意匠の創作者は，工業上利用することができる意匠の創作をした者になる（意匠法3条1項柱書）。

発明者は，発明時に特許を受ける権利を有する者になる。同様に，考案者は考案時に登録実用新案を受ける権利を有する者であり，意匠の創作者は意匠の創作時に登録意匠を受ける権利を有する者になる。発明と考案および意匠の創作者は自然人に限られ，職務発明と職務考案および職務意匠の創作であっても原始的に従業者である発明者と考案者と意匠の創作者が発明・考案・意匠の創作の主体になる。

職務発明における一連の特許訴訟において，特許権者は総じて発明者

ではない。そして，2015年，職務発明規定に次の条項が加えられている。従業者，法人の役員，国家公務員または地方公務員（従業者等）がした職務発明については，契約，勤務規則その他の定めにおいてあらかじめ使用者，法人，国または地方公共団体（使用者等）に特許を受ける権利を取得させることを定めたときは，その特許を受ける権利は，その発生した時から使用者等に帰属する（特許法35条３項）。使用者等である法人が従業者等の自然人の発明者・考案者・意匠の創作者と同様の関係を有することになる。したがって，発明者・考案者・意匠の創作者は，必ずしも，特許権者・実用新案権者・意匠権者ではない。

（２）特許権者・実用新案権者・意匠権者

産業財産権法は，方式主義をとっており，産業財産権（特許権・実用新案権・意匠権）を得るためには，一定の手続きが必要である。出願人が特許権・実用新案権・意匠権を有する者になりうる（特許法36条１項柱書，実用新案法３条１項柱書，意匠法６条１項柱書）。すなわち，発明者，考案者，意匠の創作者は，特許出願人，実用新案登録出願人，意匠登録出願人でなければ，特許権者，実用新案権者，意匠権者とはなりえない。

4．特許権・実用新案権・意匠権

発明者は，自己のなした発明を発明の完成と同時に特許を受ける権利と発明者掲載権を原始的に取得する。そして，考案者は，自己のなした考案を考案の完成と同時に登録実用新案を受ける権利と考案者掲載権を原始的に取得する。また，意匠の創作者は，自己のなした意匠の創作を意匠の創作の完成と同時に登録意匠を受ける権利と意匠の創作者掲載権を原始的に取得する。ただし，方式主義の産業財産権法（特許法・実用新案法・意匠法）は，先願主義をとっており，先に特許庁へ出願し，一定の手続きを経て登録されなければ産業財産権（特許権・実用新案権・意匠権）は発生しない。

（1）特許権・実用新案権・意匠権の発生

発明に特許権が認められるためには，一定の手続きが必要である（図3－1参照）[1]。まず，所定事項を記載した「特許願」を特許庁長官に提出する。提出された書類が書式通りであるか，不足はないかどうかの方式の審査がなされる。同じ内容の研究が行われたりするのを防ぐため，出願されてから1年6カ月で，出願内容が公開される。出願審査請求は，出願日から3年以内に行う必要がある。出願審査請求をしなければ，審査は行われない。出願審査請求が3年以内に行われない場合は，出願が取り下げられたものとされる。出願審査請求がされると，審査が開始され，所定の特許要件を満たしているかどうかが調べられる。実体審査において特許要件を満たしていないと判断されると，拒絶理由通知書が送付される。拒絶理由通知に対して意見書や補正書を提出することができる。実体審査において要件を満たしていないと判断されると，出願は拒絶され拒絶査定謄本が送達される。拒絶査定に対しては，拒絶査定不服審判を請求することができる。認められなければ，さらに知的財産高等裁判所に出訴ができる。実体審査において，特許要件を満たしていると判断されると特許査定謄本が送達される。特許料を納付し，設定登録されると特許権が発生する。特許権の内容は，特許公報に掲載され一般に公開される。特許公報に掲載された保護の内容に対しては，何人も，特許掲載公報の発行の日から6月以内に限り，特許庁長官に対し，特許異議の申立てをすることができる。そして，特許公報に掲載された保護の内容に無効理由があれば，無効審判を請求することができる。無

1　日本弁理士会「特許権と特許出願」https://www.jpaa.or.jp/intellectual-property/patent/

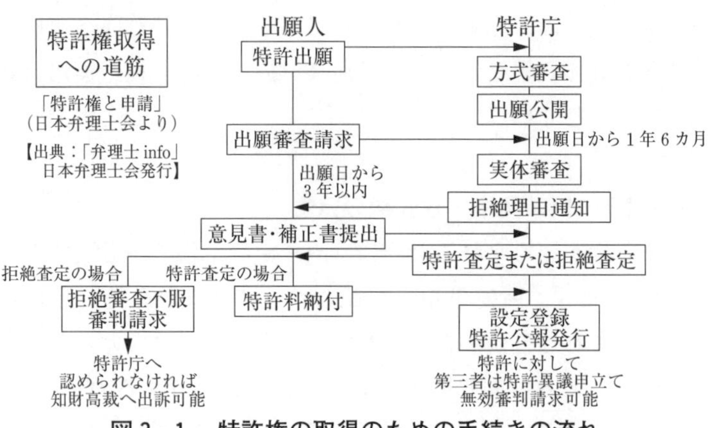

図３－１　特許権の取得のための手続きの流れ

効審判の審理は複数の審判官の合議で行われ，登録に問題がないと判断された場合は請求棄却の審決が下される。逆に問題があると判断された場合は，特許権者の答弁を聞いたうえで無効にすべき旨の審決（請求認容の審決）が下される。

そして，実用新案権取得の流れは，特許権取得の流れより，かなり簡略化されている。実用新案権取得は，まず実用新案登録願に実用新案登録請求の範囲や図面などを添付し，特許庁長官に提出し，出願と同時に第１年から第３年分の登録料を納付する必要がある。方式・基礎的要件審査として，書類上の不備がないかどうか，基礎的要件を満たしているかどうかについて審査される。提出書類や要件に不備があった場合は，出願人に対して補正命令が出される。補正命令に対して，出願人が応答しない場合は出願が却下される。提出書類や要件に不備のない出願は，設定登録され実用新案権が発生する。その他の手続きは，特許法と同様の規定になる。

また，意匠登録出願は，一意匠一出願が原則であるが，複数意匠一括出願が認められ，物品区分表は廃止されている（意匠法7条）。意匠法における手続きは，特許法と同様の規定になる。なお，関連意匠，すなわち本意匠と互いに類似する意匠で，本意匠の意匠登録出願の日から10年を経過する日前である場合，意匠登録が可能である（同法10条）。そして，本意匠が設定登録によって意匠権が発生したら，関連意匠は本意匠と一体化する。

特許を受ける権利・登録実用新案を受ける権利・登録意匠を受ける権利は，上記の手続きにより設定の登録により，特許権・実用新案権・意匠権になる。

(2) 特許権・実用新案権・意匠権の帰属

特許権は，権利の移転・譲渡をすることができる。そして，特許権者は，専用実施権を専用実施権者に設定することができる（特許法77条）。専用実施権の設定の登録は，効力発生要件になる。特許権者と専用実施権者は，通常実施権を通常実施権者に許諾することができる（同法78条）。通常実施権は債権的な権利であり，登録は第三者対抗要件とされてきたが，通常実施権の許諾によって効力が発生するとして，2015年に登録制度は廃止されている。特許権の保護の開始日が特許出願日であることから，特許権の発生より前に仮専用実施権の設定（同法34条の2）と仮通常実施権の許諾（同法34条の3）ができる。実用新案権と意匠権の移転・譲渡および専用実施権の設定ならびに通常実施権の許諾の関係は，特許権の移転・譲渡および専用実施権の設定ならびに仮通常実施権・通常実施権の許諾の関係と同様であるが，仮専用実施権の設定規定はない。

職務発明のときの権利の帰属は，次のようになる。使用者等は，従業者等がその性質上当該使用者等の業務範囲に属し，かつ，その発明をするに至った行為がその使用者等における従業者等の現在または過去の職務に属する発明（職務発明）について特許を受けたとき，または職務発明について特許を受ける権利を承継した者がその発明について特許を受けたときは，その特許権について通常実施権を有する（同法35条１項）。また，従業者等がした発明については，その発明が職務発明である場合は，使用者等のため仮専用実施権もしくは専用実施権を設定することができる（同法35条２項の反対解釈）。使用者等は，職務発明において，特許権者，専用実施権者および通常実施権者として，特許権または専用実施権もしくは通常実施権が帰属することになる。職務発明では，使用者等は，使用者等が発明者から特許を受ける権利または特許権を譲渡されたときは特許権者に，発明者が特許権者の場合は専用実施権者または通常実施権者になる。発明時は従業者等帰属で段階的に特許を受ける権利（特許権）は使用者等帰属になりうる構図と，発明時に瞬時に特許を受ける権利が使用者等帰属させる構図（同法35条３項）とは併存する。ただし，特許を受ける権利の使用者等帰属の規定は，大企業の適用に留まり，すべての企業に浸透することにはならないことが想定される。職務考案と職務意匠の創作は，職務発明と同様の関係になる。ただし，仮専用実施権に係る部分は除かれる。

ところで，帰属という言葉を使用してきたが，権利の帰属という規定は，職務発明の特許を受ける権利の帰属（同法35条３項）で使用されているにすぎない。本来，発明に関する特許を受ける権利は自然人である発明者の帰属することからいえば，特許法35条３項の特許を受ける権利の帰属は例外といえる。このことから，特許を受ける権利の譲渡との関係の明確化が必要なはずである。それは産業技術力強化法や信託業法による信託譲渡との整合にあり，特許権の帰属は特許権の譲渡と専用実施権の設定および通常実施権の許諾との対応関係になる。

(3) 特許権・実用新案権・意匠権の制限

特許権の制限として，特許権の効力が及ばない範囲，①特許権の効力は，試験または研究のためにする特許発明の実施，②単に日本国内を通過するにすぎない船舶もしくは航空機またはこれらに使用する機械，器具，装置その他の物，③特許出願の時から日本国内にある物，④二以上の医薬を混合することにより製造されるべき医薬の発明または二以上の医薬を混合して医薬を製造する方法の発明に係る特許権の効力は，医師または歯科医師の処方せんにより調剤する行為および医師または歯科医師の処方せんにより調剤する医薬，が規定されている（特許法69条)。それらに，デジタル社会における特許権の制限とは，直接に関連するものは見いだせない。上記の④を除き，実用新案権と意匠権の効力が及ばない範囲は，特許権の効力が及ばない範囲と同じになる。

特許権の効力が及ばない範囲の観点とは異なるが，方式主義により特許権が発生することによる手当としての特許権の制限は，先使用による通常実施権（同法79条)，無効審判の請求登録前の実施による通常実施権（同法80条）がある。また，産業の発達に寄与する特許法の法目的に適う公共的要請からの特許権の制限として裁定実施権制度があり，不実施の場合の通常実施権の設定の裁定（同法83条)，公共の利益のための通常実施権の設定の裁定（同法93条）がある。上記は，実用新案法では同じであるが，意匠法では裁定実施権制度の規定を有していない。意匠法では，先出願による通常実施権がある（同法29条の2)。ただし，その規定は，意匠権の保護の始期が特許権と実用新案権の保護の始期と同様に，出願日となったことから，今後は有名無実化しよう。

なお，企業・組織が地球環境の保護に貢献する特許を開放し，共有資産として活用するための活動に，エコ・パテントコモンズがある。また，IoT 関連特許やソフトウェアなどの特許無償提供がある。

（4）特許権・実用新案権・意匠権の範囲

特許発明の同一と類似の判断に均等論（Doctrine of equivalence）がある。均等論は，通説では，特許請求の範囲を確定するために用いられるものであり，単なる設計変更や不完全利用，迂回方法は同一のものとみなすとされている。意匠の同一性は同一物品についての同一形態であり，物品の同一性は用途と機能が同一である物品になる（意匠法施行規則別表第一（第7条関係）の最下欄に掲げる物品)。形態の同一性は，形状，模様もしくは色彩またはこれらの結合の同一性の意味になる。意匠の類似性は，①物品が同一で形態が類似，②物品が類似で形態が同一，③物品が類似で形態が類似になる。そして，物品の類似性は，用途が同じで機能が異なる物品であり，たとえば類似物品は鉛筆と万年筆，腕時計と置き時計になる。用途も機能も異なる物品は，非類似物品であり，たとえば完成品と部品，組物と構成物品になる。部分意匠の同一性と類否の判断は，①意匠に係る物品，②部分意匠として意匠登録を受けようとする部分の機能・用途，③その物品全体の中に占める部分意匠として意匠登録を受けようとする部分の位置，大きさ，範囲，④部分意匠として意匠登録を受けようとする部分自体の形態になる。意匠の類似は，類似の範囲を拡張するものではない。類似意匠は，デザインのコンセプトを明確にすることにある。なお，考案の同一性と類似性は，発明と意匠の創作の同一性と類似性の性質をもっていよう。

特許権・実用新案権・意匠権には保護期間がある。特許権の保護期間は，特許出願の日から20年をもって終了する（特許法67条1項)。ただし，「医薬品，医療機器等の品質，有効性及び安全性の確保等に関する法律（薬機法)」で特許発明の薬品が認可されるまでの期間の関係で5年を限度として延長可能である（同法67条2項)。実用新案権の保護期間は，実用新案登録出願の日から10年で終了する（実用新案法15条)。

意匠権の保護期間は，設定の登録の日からとなっていたが，特許権と実用新案権と同様に出願日からとなり，意匠登録出願日から25年で終了する（意匠法21条１項)。なお，意匠は目に触れるとすぐに模倣されてしまう。そこで，秘密意匠，すなわち意匠登録出願人が請求した場合，意匠権の設定の登録の日から３年以内の期間，その意匠を意匠の保護期間の中で秘密にされる規定がある（同法14条１項)。そして，デザインのコンセプトを保護する観点から，関連意匠の意匠権の存続期間は，その本意匠の意匠権の設定の登録の日から25年で終了する（同法21条１項)。なお，それら権利の保護期間内においても，権利の消滅の例外的な機能をもつ。発明・考案・意匠の創作が有体物で流通を想定した用尽（消尽，exhaustion）または消尽理論（first sale doctrine）は，権利の保護期間内における権利の消滅の擬制になる。ただし，無体物である産業財産の産業財産権の消尽の適用は，情報ネットワークとウェブ環境においては限定的といえる。

(５) 特許権･実用新案権･意匠権と専用実施権の侵害に対する救済･制裁

特許権または専用実施権の侵害に対する民事上の救済は，差止請求権（特許法100条）と損害賠償請求権（民法709条）である。損害賠償請求権は不法行為による損害賠償を規定した民法709条による。不法行為においては加害者に故意または過失があることが要件とされている。また，不当利得返還請求権（同法703条，704条）および信用回復措置請求権（特許法106条）が規定される。上記は，実用新案権と意匠法および専用実施権の侵害に対する民事上の救済と同様である。

特許権・実用新案権・意匠権または専用実施権の侵害に対する刑事的責任は，懲役もしくは罰金またはこれの併科による（表３−１参照)。なお，実用新案法は，侵害とみなす行為による罪の規定を有していない。

また，告訴がなければ，公訴は提起できない（特許法200条の２第２項，実用新案法60条の２第２項，意匠法72条の２第２項）。

また，法人の代表者または法人もしくは人の代理人，使用人その他の従業者が，その法人または人の業務に関し，行為者を罰するほか，その

表３－１　特許権・実用新案権・意匠権または専用実施権の侵害に対する罰則の量刑

侵害罪	量　刑	条　文
侵害の罪	懲役10年以下もしくは罰金1000万円以下またはこれの併科 懲役５年以下もしくは罰金500万円以下またはこれの併科	特許法196条，意匠法69条 実用新案法56条
侵害とみなす行為による罪	懲役５年以下もしくは罰金500万円以下またはこれの併科	特許法196条の２，意匠法69条の２
詐欺の行為の罪	懲役３年以下もしくは罰金300万円以下 懲役１年以下もしくは罰金100万円以下	特許法197条 実用新案法57条，意匠法70条
虚偽表示の罪	懲役３年以下もしくは罰金300万円以下 懲役１年以下もしくは罰金100万円以下	特許法198条 実用新案法58条，意匠法71条
偽証等の罪	懲役３月以上10年以下	特許法199条，実用新案法59条，意匠法72条
秘密を漏らした罪	罰金１年以下の懲役または50万円以下	特許法200条，実用新案法60条，意匠法73条
秘密保持命令違反の罪	懲役５年以下もしくは罰金500万円以下またはこれの併科	特許法200条の２，実用新案法60条の２第１項，意匠法73条の２第１項

表３－２　両罰規定における量刑

侵害罪	量　刑	条　文
侵害の罪・侵害とみなす行為による罪・秘密を漏らした罪	３億円以下の罰金	特許法196条，196条の２，200条，実用新案法56条，60条（侵害とみなす行為による罪の規定なし），意匠法69条，69条の２，73条
詐欺の行為の罪・虚偽表示の罪	１億円以下の罰金 3000万円以下の罰金	特許法197条，198条，実用新案法57条，58条，意匠法70条，71条

法人に対して罰金刑を，その人に対して罰金刑を科する両罰規定を置く（表 3－2 参照）。

5. おわりに

発明，考案，意匠の創作に関する特許法，実用新案法，意匠法のしくみは，発明の自然法則の利用に関して装置との一体化または考案と意匠の創作の物品との不可分性のとらえ方といえる。しかし，それに対して，変化が見られる。その変化は，情報ネットワークとウェブ環境におけるネットワーク型特許と表計算ソフトおよび GUI に見られる。それは，発明，考案，意匠の創作は，本来，無体物の保護に回帰させていよう。そのとき，発明は特許法，考案は実用新案法，意匠の創作は意匠法の中で，処理するだけでは対応は困難になる。

情報ネットワークとウェブ環境では，特許発明，登録実用新案また登録意匠・類似する意匠が相互に利用され，特許権と実用新案権および意匠権の抵触の関係が顕在化している。特許発明がその特許出願の日前の出願に係る他人の特許発明，登録実用新案または登録意匠・類似する意匠の利用，またはその特許権がその特許出願の日前の出願に係る他人の意匠権と抵触することがある（特許法72条）。そして，登録実用新案がその実用新案登録出願の日前の出願に係る他人の登録実用新案，特許発明もしくは登録意匠もしくはこれに類似する意匠を利用，またはその実用新案権がその実用新案登録出願の日前の出願に係る他人の意匠権と抵触することがある（実用新案法17条）。また，登録意匠（登録意匠に類似する意匠）がその意匠登録出願の日前の出願に係る他人の登録意匠・類似する意匠，特許発明もしくは登録実用新案を利用，またはその意匠権のうち登録意匠（登録意匠に類似する意匠）に係る部分がその意匠登録出願の日前の出願に係る他人の（意匠権,）特許権，実用新案権と抵触することがある（意匠法26条）。

プログラムの保護は，著作物によるか発明によるか，半世紀にわたる歴史的な経緯をもっている。現在，ソフトウェアの保護は，プログラムの著作物として，またネットワーク型特許（物の発明）として，著作権法と特許法の両者で保護されている。なお，インダストリアルデザインは，工学と工芸，装飾と，あいまいながら純粋美術と結び付いている。デザインは，タイプフェイスや半導体集積回路の回路配置とも関連する。それらは，情報ネットワークとウェブ環境を形成する要素となる。さらに，情報ネットワークとウェブ環境の法現象は，情報法ともかかわりをもっている。

参考文献・資料

(1) 児玉晴男『知財制度論』（放送大学教育振興会，2020年）
(2) 児玉晴男「職務発明の権利帰属と職務著作の権利帰属との整合性」『パテント』69巻6号（2016年）pp. 38-46
(3) 特許庁編『工業所有権法（産業財産権法）逐条解説〔第21版〕』（発明推進協会，2020年）

学習課題

1）発明・考案・意匠の創作とソフトウェアの保護の関係を調べてみよう。
2）職務発明・職務考案・職務意匠の創作について調べてみよう。
3）特許無償提供について調べてみよう。

4　商標の商品・役務との使用

《学習の目標》　商標は，平面・立体から五感で知覚可能なものへと拡張され，商品または役務（サービス）に付されて流通する。本章は，商標と商品または役務が一体となって使用される形態を保護する商標法のしくみについて概観する。
《キーワード》　商標，物品・役務，自他商品・役務識別力，商標の使用者，商標権，商標法

1．はじめに

知的財産基本法２条１項，２項によれば，知的財産が商標，商号[1]その他事業活動に用いられる商品または役務（サービス）を表示するものであるとき，その知的財産権は商標権となる。それは，商標法で保護される。商標法は，商標を保護することにより，商標の使用をする者の業務上の信用の維持を図り，産業の発達に寄与し，あわせて需要者の利益を保護することを目的とする（同法１条）。

商標法では，商標は，文字，図形，記号もしくは立体的形状もしくはこれらの結合またはこれらと色彩との結合，音その他政令で定めるもの（標章）となり，それらの標章が商標権として保護される対象になる（同法２条）。なお，標章は，商標が登録商標との混同を生じうることから，用いられている。

商品やサービス，そして情報ネットワークとウェブ環境においても，コンテンツやプログラムにTM，SM，そして®の表記を見ることがで

1　商号は商法で保護される対象であるが，商号のそのまままたは主要部は標章として商標法の保護の対象にもなりうる。

きる。その表記は，その商品と役務が TM，SM，そして®の付された商標（標章）の管理者のもとに置かれていることを示している。たとえば MIT オープンコースウェア（OpenCourseWare : OCW）の “MIT”，“Massachusetts Institute of Technology”，そのシールやロゴは，商標（trademarks : TM）とかかわりをもつとの規定がある。それらは必ずしも，すべてが登録商標とはいえない。しかし，OCW に関しては，図案化したマークやロゴも含めて，少なくとも先使用の対象となりうる。本章は，トレードマークとサービスマークが登録商標として，どのように商標法で保護されているかを概観する。

2. トレードマーク（TM）とサービスマーク（SM）および登録商標（®）

トレードマークとサービスマークは，商標法の直接に保護される対象ではない。商標法は他の産業財産権法と同様に先願主義によっており，商標権も設定の登録があって発生する。したがって，TM と SM は，®表記されるものでなければ，商標法で登録商標として保護される対象とはならない。ただし，トレードマークとサービスマークの付加の有無を問わず，それら呼称，マーク，ロゴには自他商品・役務識別力が求められ，そこには出所表示機能と品質保証機能および宣伝広告機能が認識でき，それらによって顧客吸引力が生じることになる。三つの機能（出所表示機能，品質保証機能，宣伝広告機能）は，それぞれ商品または役務が一定の出所から流出していることを示す機能，同一の商標を使用した商品または役務には同一の品質があることを保証する機能，そして需要者に商標を手掛かりとして購買意欲を起こさせる機能になる。出所表示機能と品質保証機能は商標の使用者の行為における人格的価値になり，宣伝広告機能は商標の使用者の行為における経済的価値ということもできる。それは，先使用に関係することになり，TM と SM を表記することも，我が国においてまったく意味がないわけではない。

商標は，二つのタイプがある。第一は，文字，図形，記号もしくは立体的形状もしくはこれらの結合またはこれらと色彩との結合の平面商標と立体商標である。第二は，音その他政令で定めるものの新しいタイプの商標である。そして，それらは，情報ネットワークとウェブ環境でも流通している。

（1）平面商標と立体商標

平面商標と立体商標は，たとえばオペレーティングシステム（OS）やアプリケーションソフトウェアの名称が商標として表示される商品および役務であるとき，それらは，商品および役務の区分（商標法施行令 2 条）の規定による商品（商標法施行規則別表（6 条関係）第 9 類15（電子応用機械器具及びその部品）（5））の電子計算機用プログラムの対象になる。

なお，登録商標の要件とならない商標がある（商標法 3 条 1 項各号）。それは，自己と他人の商品・役務（サービス）とを区別することができないもの，そして公共の機関の標章と紛らわしい等公益性に反するもの，さらに他人の登録商標や周知・著名商標等と紛らわしいものである。自己と他人の商品・役務（サービス）とを区別することができないものとしては，商品・役務の普通名称のみを表示する商標（1 号），商品・役務について慣用されている商標（2 号），単に商品の産地，販売地，品質等または役務の提供の場所，質等のみを表示する商標（3 号），ありふれた氏または名称のみを表示する商標（4 号），極めて簡単で，かつ，ありふれた標章のみからなる商標（5 号），その他何人かの業務に係る商品または役務であるかを認識することができない商標（6 号）

がある。

そして，商標登録を受けることができない商標がある（商標法４条１項各号)。それは，公共の機関の標章と紛らわしい等公益性に反するものと，他人の登録商標や周知・著名商標等と紛らわしいものになる。商標登録を受けることができない商標は，国旗，菊花紋章，勲章，褒章または外国の国旗，パリ条約の同盟国，世界貿易機関の加盟国または商標法条約の締約国の紋章その他の記章であって，経済産業大臣が指定するもの，国際連合その他の国際機関を表示する標章であって経済産業大臣が指定するもの，「赤十字の標章及び名称等の使用の制限に関する法律」１条の標章もしくは名称と同一または類似のものになる（１号～４号)。そして，日本国またはパリ条約の同盟国，世界貿易機関の加盟国もしくは商標法条約の締約国の政府または地方公共団体の監督用または証明用の印章または記号のうち，経済産業大臣が指定するものと同一または類似の標章を有する商標であって，その印章または記号が用いられている商品または役務と同一または類似の商品または役務について使用をするものも同様である（５号)。なお，国もしくは地方公共団体もしくはこれらの機関，公益に関する団体であって営利を目的としないものまたは公益に関する事業であって営利を目的としないものを表示する標章であって著名なものと同一または類似の商標も，商標登録を受けることができない（６号)。ただし，国もしくは地方公共団体もしくはこれらの機関，公益に関する団体であって営利を目的としないものまたは公益に関する事業であって営利を目的としないものを行っている者が商標登録出願をするときは，商標登録を受けえないことはない（商標法４条２項)。

ところで，公の秩序または善良の風俗を害するおそれがある商標は，商標登録を受けることができない（同法４条１項７号)。他人の肖像または他人の氏名もしくは名称もしくは著名な雅号，芸名もしくは筆名もしくはこれらの著名な略称を含む商標，政府もしくは地方公共団体（政府等）が開設する博覧会もしくは政府等以外の者が開設する博覧会であって特許庁長官の定める基準に適合するものまたは外国でその政府等もしくはその許可を受けた者が開設する国際的な博覧会の賞と同一または類似の標章を有する商標は，商標登録を受けることができない（8号，9号）。ただし，その他人の承諾を得ているものおよび賞を受けた者が商標の一部としてその標章の使用をするものは，商標登録を受けることができる。

他人の業務に係る商品もしくは役務を表示するものとして需要者の間に広く認識されている商標またはこれに類似する商標であって，その商品もしくは役務またはこれらに類似する商品もしくは役務について使用をするもの，商標登録出願の日前の商標登録出願に係る他人の登録商標またはこれに類似する商標であって，その商標登録に係る指定商品もしくは指定役務（一商標一出願）またはこれらに類似する商品もしくは役務について使用をするもの，他人の登録防護標章（防護標章登録を受けている標章）と同一の商標であって，その防護標章登録に係る指定商品または指定役務について使用をするものも，商標登録を受けることができない（10号～12号）。そして，それら以外で他人の業務に係る商品または役務と混同を生ずるおそれがある商標，商品の品質または役務の質の誤認を生ずるおそれがある商標も，商標登録を受けることができない(15号，16号)。商品または商品の包装の機能を確保するために不可欠な立体的形状のみからなる商標，他人の周知商標と同一または類似で不正の目的をもって使用する商標も，商標登録を受けることができない（18号，19号）。

(2) 新しいタイプの商標

我が国の新たな商標として,「動き商標」,「ホログラム商標」,「色彩のみからなる商標」,「音商標」,「位置商標」の5タイプの商標が導入されている(商標法施行規則4条の8第1項)。動き商標は,文字や図形等が時間の経過に伴って変化する商標である。ホログラム商標は,文字や図形等がホログラフィその他の方法により変化する商標である。色彩のみからなる商標とは,単色または複数の色彩の組合せのみからなる商標であって,輪郭なく使用できるもののことであり,これまでの図形等に色彩が付されたものではない商標をいう。また,色彩のみからなる商標には,商品等の特定の位置に色彩を付すものも含まれる。音商標は,音楽,音声,自然音等からなる商標であり,聴覚で認識される商標である。位置商標は,図形等を商品等に付す位置が特定される商標である。国際的には,匂い,触感,味も,商標になりうる。

(3) 情報ネットワークとウェブ環境の商標

上記までは,現実世界のトレードマーク(サービスマーク)の保護の形態といえる。現実世界で使用される登録商標と情報ネットワークとウェブ環境の商標とかかわりに関して,「任天堂 VS 笑笑」の商標紛争がある。それは,2013年4月,任天堂の家庭用ゲーム機(WiiU)を起動すると利用者の分身となるキャラクターが集まり,ゲームの感想が表示される「わらわら広場」の商標登録について,国内外に300店舗以上(当時)ある居酒屋チェーン「笑笑」の運営会社モンテローザが混同を招くと特許庁に異議申立てを行ったケースである。それは,モンテローザが任天堂の「わらわら広場」や「WaraWara」など計4件の商標登録の取消しを求めたものである。なお,モンテローザは,「WARAWARA」なども商標登録している。特許庁は,飲食業界とゲーム業界は提供する商品やサービスが異なり，関連性が低いと判断し，「任天堂に不正の利益を得ようとする意図があったとはいえない」と指摘している。2014年２月，商標登録の取消しを求めた審判で，特許庁は「消費者が商標を混同する恐れはない」として，任天堂が商標を引き続き使える決定を下している。しかし，Society5.0における，サイバー空間（仮想空間）とフィジカル空間（現実空間）を高度に融合させたシステムにより，経済発展と社会的課題の解決を両立する，人間中心の社会（Society）においては，特許庁の判断とは異なる判断も想定できる。

また，情報ネットワークとウェブ環境のネットモールにも，出店者の商標権侵害で賠償責任を認めた知的財産高等裁判所の「商標権侵害差止等請求控訴事件」[2]の判断がある。インターネットショッピングモールの出店者に類似のロゴマーク付き商品を無断で販売され，商標権を侵害されたとして，権利者がモール運営者に100万円の損害賠償などを求めた訴訟である。中野哲弘裁判長は「運営者が侵害を知った後，合理的期間内に是正しなければ，出店者だけでなく運営者にも賠償責任がある」との判断を示した。キャンディー「チュッパチャプス」の商標権を管理するイタリアの会社が，「楽天市場」を運営する楽天（東京）を訴えている。ネットモール出店者による商標権侵害について，運営者が賠償責任を負う場合を明示した初の判断になる。中野裁判長はそのうえで，楽天は侵害を知ってから８日以内に商品をサイトから削除していたとして，訴えを退けた一審東京地方裁判所の判決を支持し，原告側控訴を棄却した。ただし，東京地方裁判所の一審判決は，モール運営者は，売買契約の当事者ではなく，侵害の主体にならないと判断している[3]。情報ネットワークとウェブ環境の商標権侵害は，プロバイダ責任制限法のネット運営会社の責任回避の判断と共通する。

なお，著作物の利用行為の主体が著作物の利用行為を管理する者で

2　知財高判平成24年２月14日（平成22年（ネ）10076号）。

3　東京地判平成22年８月31日（平成21年（ワ）33872号）。

あって著作物の利用行為により利益を得ることを意図している者であれば，利用行為の主体であると評価する考え方にカラオケ法理がある[4]。これは，サイバー空間におけるネットモールとプロバイダおよびデジタルプラットフォーマー等の管理主体の観点を与えうる。

3．商標の使用者

商標の使用者は，自己の業務に係る商品または役務について商標を使用する者である。それは，業として商品を生産し，証明し，または譲渡する者および業として役務を提供し，または証明する者になる（商標法２条１項１号，２号）。商標登録出願人は，商標登録を受けようとする者である（同法５条１項柱書）。したがって，商標の使用者が商標登録出願人であれば，商標権者になりうる。

商標の使用者が直接使用しなくとも，商標権者となることができる場合がある。団体商標において，法人（社団法人等）が商標権者になる（同法７条）。そして，地域団体商標においては，事業協同組合その他の特別の法律により設立された組合等が商標権者になる（同法７条の２）。

また，商品に係る登録商標が自己の業務に係る指定商品を表示するものとして需要者の間に広く認識されている場合，商標の使用をする者が自ら使用することを前提としないで登録される商標がある。その登録商標に係る指定商品およびこれに類似する商品以外の商品または指定商品に類似する役務以外の役務について，他人が登録商標の使用をすることによりその商品または役務と自己の業務に係る指定商品とが混同を生ずるおそれがあるときは，商標権者は，そのおそれがある商品または役務について，その登録商標と同一の標章についての防護標章登録を受けることができる（同法64条）。

4　クラブキャッツアイ事件（音楽著作権侵害差止等請求事件）（最三判昭和63年３月15日（昭和59年（オ）1204号））。

4．商標権

方式主義をとる商標法においては，特許法，実用新案法そして意匠法と同様に，登録により商標権が発生する（商標法18条1項）。そのとき，トレードマークとサービスマークは，登録商標となる。

（1）商標権の発生

商標権の発生は，他の産業財産権法と同様に一定の手続きを必要とする（図4－1参照）[5]。

まず，商標登録出願が必要である。所定事項を記載した「商標登録願」を特許庁長官に提出する必要がある。願書には，商標登録を受けようとする商標を記載しなければならない。商標法は一商標一出願の原則によっており，商標登録出願は，商標の使用をする一または二以上の商品または役務を指定して，商標ごとにしなければならない（同法6条）。商標登録出願されると，方式審査と実体審査がなされる。方式審査は，提出された書類が書式通りであるか，不足はないかどうかを審査するこ

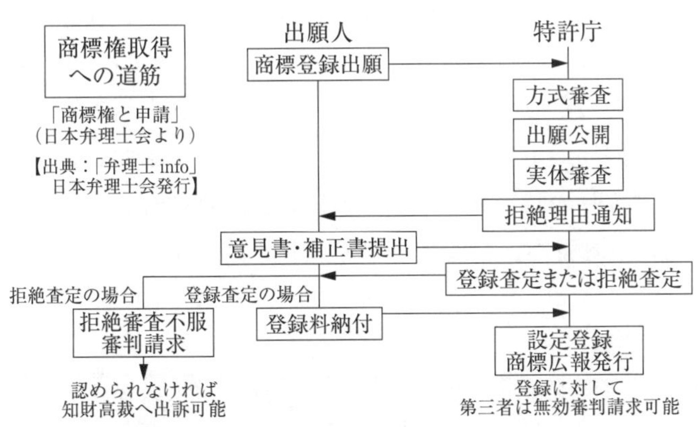

図4－1　商標権の取得のための手続きの流れ

5　日本弁理士会「商標権と商標出願」https://www.jpaa.or.jp/intellectual-property/trademark/

とになる。実体審査は，所定の登録要件を満たしているかどうかが審査される。実体審査において登録要件を満たしていないと判断されると，出願は拒絶され「拒絶理由通知書」が送付される。それに対して「意見書」や「補正書」を提出することができる。実体審査は，拒絶査定と登録査定になる。意見書や補正書によっても拒絶理由が解消しないで，登録要件を満たしていないと判断されると，出願が拒絶され，「拒絶査定謄本」が送達される。拒絶査定に対しては，拒絶査定不服審判を請求することができる。実体審査において，登録要件を満たしていると判断されると「登録査定の謄本」が送達される。登録査定がされると，登録料を納付し，設定登録されると商標権が発生する。発生した商標権の内容は，「商標公報」に掲載され一般に公開される。団体商標登録（同法７条）と地域団体商標登録（同法７条の２）および防護標章登録（同法64条）も同様である。

なお，商標登録に対して，異議申立てができる。異議申立ては，商標公報に掲載された商標の登録に誤りがあると思う場合は，公報掲載の日から２カ月以内に商標登録異議申立てをすることができる。商標登録の異議申立ては，３人または５人の審判官の合議体により審査され登録に問題がない場合には「維持決定」，「取消決定」がなされる。また，商標の登録に誤りがあると思う場合は，商標登録無効審判を請求することができる。商標登録異議申立てと商標登録無効審判を併用することができるが，異議は２カ月の時期制限があるのに対し，無効審判は，５年の除斥期間のある場合を除き，いつでも無効審判を請求することができる。

（２）商標権の帰属

商標権者は商標権を移転・譲渡できる。また，商標権者は，専用使用権を設定し，商標権の使用を専用使用権者に行わせることができる。専用使用権は，物権的な権利であり，登録しなければ発生しない（商標法30条)。専用使用権は，地域，時間，数量を分けて設定できる。ただし，その全体的な内容は，商標権と一対一に対応していなければならない。また，商標権者および専用使用権者は，通常使用権を許諾することができる（同法31条)。通常使用権は，債権的な権利であり，複数あってもよい。専用使用権の登録は効力発生要件であり，通常使用権の登録は第三者対抗要件になる。なお，商標法の地域団体商標と「特定農林水産物等の名称の保護に関する法律（地理的表示法)」の地理的表示には，たとえば神戸ビーフなどがともに保護される対象になっている。しかし，商標法の地域団体商標は商標権であるが，地理的表示法の地理的表示は地域の共有財産となり，それらの間の調整規定はない。「中国産神戸ビーフ」問題などがあり，その対応が商標法の地域団体商標と地理的表示法でともに保護される「神戸ビーフ」でありながら，何らの法的な対応もできなかった状況を招いたことから，少なくとも，商標法の地域団体商標と地理的表示法との連携が考慮されてもよい[6]。

（３）商標権の制限

商標権の効力が及ばない範囲がある（商標法26条１項)。自己の肖像または自己の氏名もしくは名称もしくは著名な雅号，芸名もしくは筆名もしくはこれらの著名な略称を普通に用いられる方法で表示する商標（１号)，指定商品・役務，これに類似する商品・役務の普通名称，用途，数量など，または指定商品に類似する役務・商品の普通名称，用途，数量などを普通に用いられる方法で表示する商標（２号，３号)，指定商品・役務またはこれらに類似する商品・役務について慣用されている商標（４号)，商品等が当然に備える特徴のうち政令で定めるもののみからなる商標（５号)，前各号に掲げるもののほか，需要者が何人か

6　児玉恵理「遺伝資源の知的財産保護の動向」『パテント』74巻５号（2021年）pp. 68-77。

の業務に係る商品・役務であることを認識することができる態様により使用されていない商標（6号）は，商標権の効力が及ばない範囲になる。

上記の規定は，他の商標の一部となっているものを含む。また，上記の規定は，商標権の設定の登録があった後，不正競争の目的で，自己の肖像または自己の氏名もしくは名称もしくは著名な雅号，芸名もしくは筆名もしくはこれらの著名な略称を用いた場合は，適用しない（同法26条2項）。

商標権の制限は，先使用による商標の使用をする権利（同法32条），無効審判の請求登録前の使用による商標の使用をする権利（同法33条）になる。先使用による商標の使用をする権利は，産業財産権の保護に関する先願主義と先発明主義との調整に関係し，特許法（実用新案法，意匠法）で先使用の発明者（考案者，意匠の創作者）に通常実施権を有するものとするのと同様である（特許法79条，実用新案法29条，意匠法29条）。

上記の権利の制限は，主として平面商標と立体商標に対応する。新しいタイプの商標では，商標法29条の商標権の特許権・実用新案権・意匠権および著作権・著作隣接権との抵触から，特許権・実用新案権・意匠権の制限，著作権・著作物の伝達行為（著作隣接権）の制限[7]がかかわりをもつことが想定できる。

(4) 商標権の範囲

商標と商品等の同一と類似の判断が問題になる。商標法は，商標，商品，サービスの類似という概念を導入し，その類似範囲では実際の混同が生ずるかどうかを問わずに当然に混同を生ずるものとみなし，一般的出所混同を生ずる範囲を示している。商標の類似は，①外観類似（Sony と Somy），②呼称類似（NHK と MHK），③観念類似（KING と王）がある。外観類似は呼称類似にもなりうる。また，国立国会図書館の図書

7　商標権の制限において，出版権の制限，さらに著作者人格権の制限と実演家人格権の制限も想定しうる。

館に関する情報ポータル「カレントアウェアネス」で見かけた観念類似といえるものに，「オープン大学（The Open University）と放送大学（The Open University of Japan）」がある。そして，それら外観と呼称および観念のうち一つでも類似していれば，商標の類似とされる。また，商標は立体商標が認められており，平面商標との類似が生じる。商品と役務の類似は，①商品の類似，②役務の類似，③商品と役務の類似になる。ただし，上記の判断は，平面商標と立体商標に関するものであり，音その他政令で定めるものに関しては発明，考案，意匠の創作，それに著作物とその伝達行為に関する類否の判断も想定しうる。

なお，商標と商品の類似どころか，同一性のある商標と商品が各国に存在することを見せた商標問題が生じた。それは，中国における iPad（アイパッド）の商標問題である。それは，まったくの偶然ではないにしても，我が国に関しても，富士通が iPad の商標を先行申請している。それに対しては，アップル社が米国で商標登録するにあたって，富士通がアップル社に使用権を譲渡したとされている。各国の商標法は，商標独立の原則により，他の国とは独立に判断される。

商標権の存続期間は，設定の登録の日（国際登録の場合は国際登録の日）から10年である（商標法19条１項，68条の21第１項）。ただし，商標権の存続期間は，商標権者の更新登録の申請により更新が可能である（同法19条２項）。それは，商標権が半永久的権利といわれるゆえんである。

その商標の保護期間内においても，権利の消尽がある。商標では，商標の識別機能の見地から真正商品の並行輸入は，「商標制度の趣旨目的に違背するものとは解せられ」ない[8]とし，容認されている。知的財産権の各権利間には並行輸入に関し解釈にずれがある。情報ネットワークとウェブ環境では，知的財産は知的財産権の各権利の組合せにより形成

8　大阪地判昭和45年２月27日判時625号 p. 83。

されることから，並行輸入の解釈のずれは調整されなければならない。

（5）商標権と専用使用権の侵害に対する救済・制裁

商標権または専用使用権の侵害に対する民事上の救済は，差止請求権（商標法36条1項）と損害賠償請求権（民法709条）である。差止請求権で商標権の侵害となる場合は，専用権の侵害（商標法25条），登録商標の類似範囲に対する侵害（同法37条1号），侵害の予備的な行為（間接侵害），登録防護標章の使用およびその予備的行為になる。不法行為においては，加害者に故意または過失があることが要件とされている。また，不当利得返還請求権（民法703条，704条）および信用回復措置請求権（商標法39条，特許法106条を準用）が規定される。

商標権または専用使用権の侵害に対する刑事的責任は，懲役もしくは罰金またはこれの併科による罰則になる。侵害の罪は，10年以下の懲役もしくは1000万円以下の罰金またはこれの併科になる（商標法78条）。侵害とみなす行為による罪は，5年以下の懲役もしくは500万円以下の罰金またはこれの併科になる（同法78条の2）。詐欺の行為の罪は，3年以下の懲役もしくは300万円以下の罰金になる（同法79条）。商標法では，詐欺の行為により商標登録，防護標章登録，商標権もしくは防護標章登録に基づく権利の存続期間の更新登録，登録異議の申立てについての決定または審決を受けた罪になる。虚偽表示の罪は，3年以下の懲役もしくは300万円以下の罰金になる（同法80条）。偽証等の罪は，3月以上10年以下の懲役になる（同法81条）。なお，秘密を漏らした罪は，商標法に規定はない。秘密保持命令違反の罪は，5年以下の懲役もしくは500万円以下の罰金またはこれの併科になる（同法81条の2第1項）。これは，告訴がなければ，公訴を提起することができない（同法81条の2第2項）。

法人の代表者または法人もしくは人の代理人，使用人その他の従業者が，その法人または人の業務に関し，行為者を罰するほか，その法人に対して罰金刑を，その人に対して罰金刑を科する両罰規定を置く（同法82条）。法人等に関する量刑は特許法と同じで，侵害の罪と侵害とみなす行為および偽証等の罪は３億円以下の罰金刑（商標法78条，78条の２，81条１項），詐欺の行為の罪と虚偽表示の罪は１億円以下の罰金刑（同法79条，80条）である。

5. おわりに

商標法は標識法とよばれ，特許法と実用新案法および意匠法が創作法とよばれる。その点で，商標法は，他の産業財産権法と創作性の点で性質を異にする。しかし，他人の特許発明等との関係（特許法72条），他人の登録実用新案等との関係（実用新案法17条），そして他人の登録意匠等との関係（意匠法17条）では，商標権と抵触することがある。

そして，指定商品または指定役務についての登録商標の使用がその使用の態様によりその商標登録出願の日前の出願に係る他人の特許権，実用新案権もしくは　意匠権またはその商標登録出願の日前に生じた他人の著作権もしくは著作隣接権と抵触する（商標法29条）。さらに，新しいタイプの商標においては，知的財産相互の利用が想定される。

発明と考案および意匠の創作は無体物であり，著作物も無体物であり，知的財産は無体物を保護する。商標法では，その保護対象が無体物と意識されることはないが，商標法29条からいえることは，商標の商品と役務の使用形態と商標自体ともに，ユビキタス化，さらに無体物化[9]を顕在化している。

9　商標と商品・役務との使用は，商標の使用者の人格的権利（出所表示機能と品質保証機能）と経済的権利（宣伝広告機能）を示唆する。我が国の家電メーカーのブランドが中国で生産する家電に使用されているが，商標の使用者の経済的権利（宣伝広告機能）では問題がないかもしれないが，商標の使用者の人格的権利（出所表示機能と品質保証機能）では問題が生じてこよう。

参考文献・資料

(1) 児玉晴男『知財制度論』(放送大学教育振興会，2020年)
(2) 「新しいタイプの商標の保護制度」
https://www.jpo.go.jp/system/trademark/gaiyo/newtype/index.html
(3) 「商標権侵害差止等請求控訴事件」
https://www.courts.go.jp/app/files/hanrei_jp/999/081999_hanrei.pdf

学習課題

1）TMとSMおよび®がついた商標と役務（サービス）を調べてみよう。
2）新しいタイプの商標を調べてみよう。
3）商標権侵害差止等請求控訴事件（知財高判平成24年2月14日（平成22年（ネ）10076号））を調べてみよう。

5　営業秘密と限定提供データ

《学習の目標》 営業秘密の顧客情報や技術情報の流出は，不正競争防止法で保護される。本章は，営業秘密に係る一連の不正行為および限定提供データに係る一連の不正行為への対応に関する不正競争防止法について概観する。
《キーワード》 営業秘密，限定提供データ，不正競争の防止，不正競争に係る損害賠償に関する措置，不正競争防止法

1．はじめに

知的財産法では，著作物と特許発明はそれらの公表と公開が保護の前提となっている。その知的財産法のしくみの中に，公表と公開を前提としない知的財産の保護対象として，営業秘密がある。営業秘密その他の事業活動に有用な技術上または営業上の情報は，不正競争防止法で保護される（知的財産基本法２条１項，２項）。また，営業秘密は秘密として管理されているものを対象とするが，秘密管理ではなく管理されているものを対象とする限定提供データが保護されている。なお，不正競争防止法は，事業者間の公正な競争およびこれに関する国際約束の的確な実施を確保するため，不正競争の防止および不正競争に係る損害賠償に関する措置等を講じ，もって国民経済の健全な発展に寄与することを目的とする（同法１条）。

営業秘密は，ノウハウ，トレード・シークレット（trade secret），財産的情報などとよばれる情報と同一性または類似性がある。ノウハウ

は，技術上の情報としていわれ，トレード・シークレットが営業上の情報を含む点で異なる。トレード・シークレットは，我が国では営業秘密と訳されるが，企業秘密と訳されることがある。そのトレード・シークレットは，英米の法理による概念になる。財産的情報は，関税および貿易に関する一般協定（General Agreement on Tariffs and Trade : GATT），多角的貿易交渉（ウルグアイラウンド）の知的所有権交渉（Trade-Related Aspects of Intellectual Property Rights : TRIPS）で用いられた Proprietary Information の訳語である。財産的情報は，トレード・シークレットまたは営業秘密と同義で用いられることがあるが，製品登録の条件として政府等に開示された財産的価値のある情報を含む概念として用いられることがある。また，限定提供データは，技術上または営業上のデータという営業秘密と内容に同一性があり，ビッグデータのオープンデータの中での対応といえる。

本章は，不正競争防止法における営業秘密と限定提供データの不正競争の防止および不正競争に係る損害賠償に関する措置等について概説する。

2．営業秘密と限定提供データ

（1）営業秘密

著作権法では建築図面は図形の著作物であるが，情報公開法における不開示情報の法人情報に建築図面がある。法人情報の建築図面は，営業秘密になる。そして，著作物または発明としてのプログラムのソースコードは，著作権法と特許法では公開を義務づけられるものにはなっていない。プログラムのソースコードの非公表と公表の関係は，プログラムの知的財産権保護の形態に対応する。

プログラムは，創作物の全体的な観点から，著作物ととらえるか，発

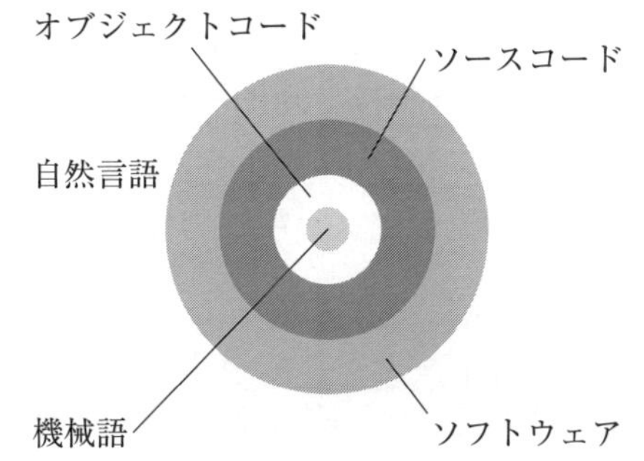

図5-1　ソフトウェアの構造と機能の関係

明ととらえるか，またはそれら両者でとらえるかの関係にある。その関係は，部分と全体の観点から，プログラムは，著作物の公表（著作権法４条）および特許出願に記載される発明の詳細な説明は出願公開（特許法64条）によってともに開示される全体的なプログラムの中に，営業秘密（ソースコード）が内包されている。プログラムは，自然言語をソースコードで表現し，機械語に仲介するオブジェクトに変換し，機械語の指令によりコンピュータを駆動させる構造と機能をもつ（図5－1参照）。

そして，プログラムのソースコードの開示に関して問題とされたのは，マイクロソフト社のオペレーティングシステム（OS）の例がある。マイクロソフト社は，OSのソースコードを機密情報，すなわち営業秘密としている。これに関しては，競争法（反トラスト法）の課題になり，違反行為となっている。そこで，マイクロソフト社のソフトウェアのソースコードの開示が欧米だけでなく我が国においても求められることになる。また，ブラックボックスとしての利用が伴うプロプライエタリ・ソフトウェア（proprietary software）は，ソフトウェアの使用，改変，複製を法的・技術的な手法を用いてコード等を営業秘密としてその開示を制限している。このようなソフトウェアの知的財産権保護における公表と非公表に関する関係は，知的財産権管理の観点とセキュリティ管理の観点からのソースコードの開示の問題を生起させることになる。それは，ソフトウェアとソースコードの関係を明らかにするものである。

営業秘密は，秘密として管理されている生産方法，販売方法その他の事業活動に有用な技術上または営業上の情報であって，公然と知られていないものをいう（不正競争防止法2条6項）。営業秘密は，秘密管理性と有用性および非公知性を必要とする。それら三つの要件は，営業秘密の指標になる。

①　秘密管理性

秘密管理性とは，秘密として管理されていることである。事業者が主観的に秘密として管理しているだけでは不十分であり，客観的に見て秘密として管理されていると認識できる状態にあることが必要である。それは，①当該情報にアクセスできる者を制限するとともに，②同情報にアクセスした者にそれが秘密であることが認識できることが必要とされている[1]。営業秘密の管理主体は，事業者であることが前提であるため（不正競争防止法2条1項7号），その情報の創作者が誰であるかを問わず，事業者がその情報を秘密として管理している場合には営業秘密になる可能性がある。

②　有用性

有用性とは，事業活動に有用な技術上または営業上の情報であることである。保有者の主観によって決められるものではなく，客観的に有用である必要がある。競争優位性の源泉となる場合を含め，その情報が事業活動に使用され，または使用されることによって費用の節約，経営効率の改善等に役立つものであることを意味する。直接ビジネスに活用さ

1　東京地判平成12年9月28日（平成8年（ワ）15112号）。

れている情報に限らず，間接的（潜在的）な価値がある場合も含み，たとえば，いわゆるネガティブ・インフォメーションにも有用性は認められる。ネガティブ・インフォメーションとは，ある方法を試みてその方法が役立たないという失敗の知識・情報のことである。ネガティブ・インフォメーションの有効性は，東日本大震災やCOVID−19パンデミック下において認識されることになる。また，現在の事業に活用できる情報だけでなく，近未来も遠い未来も含む将来の事業に活用できる情報にも有用性が認められうる。しかし，同じ情報でも，たとえば試験段階か，製造段階かによって，有用性の有無がかわる場合もありうる。公序良俗に反する内容の情報は，その内容が社会正義に反し，秘密として保護されることに正当な利益がある情報とはいえない。したがって，そのような情報は，有用性はないと判断される。

③　非公知性

非公知性とは，公然と知られていないことになる。その情報が刊行物に記載されていない等，保有者の管理下以外では一般に入手できない状態にあることが必要である。書物，学会発表等から容易に引き出せることが証明できる情報は，公知である。人数の多少にかかわらず，その情報を知っている者に守秘義務が課されていれば，非公知である。それらは，特許発明との新規性と同じ観点である。同じ情報を保有している者が複数存在する場合であっても，各自が秘密にしている等の事情でその情報が業界で一般に知られていない場合には，非公知である。保有者の管理下以外では一般に入手できないことが必要である。

創作者である著作者と発明者は，著作物や発明を公開して著作権法や特許法で著作権と関連権や特許権により保護していくのか，ノウハウやソースコードとして営業秘密で非公表・非公開のもとで保護するかを選択することになる。

（2）限定提供データ

IoT・ビッグデータ・AI等の情報技術がめざましい進展を見せており，いわゆる第四次産業革命が起きているといわれている。このような状況のもと，データは企業活動において極めて重要な競争力の源泉となっている。特にビッグデータは，極めて高い利用価値を有するものとして評価されている。例として，気象データ，工作機械の稼働データ，自動走行自動車用データおよび消費動向データなどがある。また，最高裁判所では，判例データベースが公表されている。それらデータ，いわゆる1次データはオープンデータとしても，2次データとして付加価値が施されたものが限定提供データとなる。

限定提供データは，業として特定の者に提供する情報として電磁的方法により相当量が蓄積され，管理されている技術上または営業上の情報をいう（不正競争防止法2条7項）。電磁的方法とは，電子的方法，磁気的方法その他人の知覚によっては認識することができない方法をいう。したがって，限定提供データは，デジタルデータである。なお，限定提供データは，秘密として管理されているものが除かれている。限定提供データの保護要件は，①業として特定の者に提供する情報であること（限定提供性），②相当量の蓄積であること（相当蓄積性），③電磁的方法により管理されていること（電磁的管理性）の三つがある。

①　限定提供性

限定提供性の要件の趣旨は，一定の条件のもとで相手方を特定して提供されるデータを保護対象とすることにある。したがって，相手方を特定・限定せずに無償で広く提供されているデータは対象とならない。

②　相当蓄積性

相当蓄積性の要件の趣旨は，ビッグデータ等を念頭に，有用性を有する程度に蓄積している電子データを保護対象とすることにある。相当量は，個々のデータの性質に応じて判断されることとなるが，社会通念上，電磁的方法により蓄積されることによって価値を有するものが該当する。

③　電磁的管理性

電磁的管理性の要件の趣旨は，データ保有者がデータを提供する際に，特定の者に対して提供するものとして管理する意思が，外部に対して明確化されることによって，特定の者以外の第三者の予見可能性や，経済活動の安定性を確保することにある。電磁的管理性が満たされるためには，特定の者に対してのみ提供するものとして管理するという保有者の意思を第三者が認識できるようにされている必要がある。

3．不正競争

不正競争は22の類型（不正競争防止法２条１項１号～22号）の10のグループ[2]に分類できる。その中で，営業秘密に係る一連の不正行為（同法２条１項４号～10号）と限定提供データに係る一連の不正行為（同法２条１項11号～16号）を取り上げる。

（１）営業秘密に係る一連の不正行為

窃取，詐欺，強迫その他の不正の手段により営業秘密を取得する行為（不正取得行為）または不正取得行為により取得した営業秘密を使用し，また開示する行為が不正行為になる（不正競争防止法２条１項４号）。そして，その営業秘密について不正取得行為が介在したことを知り，または重大な過失により知らないで営業秘密を取得し，またはその取得した営業秘密を使用し，開示する行為（同法２条１項５号），その取得し

2　10のグループとは，周知表示混同惹起行為（１号），著名表示冒用行為（２号），商品形態模倣行為（３号），営業秘密に係る一連の不正行為（４号～10号），限定提供データに係る一連の不正行為（11号～16号），技術的制限手段に対する不正行為（17号，18号），ドメイン名に係る不正行為（19号），原産地等誤認惹起行為（20号），信用毀損行為（21号），代理人等商標冒用行為（22号）である。

た後にその営業秘密について不正取得行為が介在したことを知って，または重大な過失により知らないでその取得した営業秘密を使用し，開示する行為（同法2条1項6号）も不正行為になる。この二つの条項は，産業スパイ防止とかかわりがある。産業スパイは，主としてその情報を自分で使うという「囲い込み型」とその情報を売って利益を得ようとする「流出型」の2パターンがある。この事例としては，自社が数十年と多額の費用を費やして作り上げた技術を海外に流出されていた「新日鐵住金・ポスコ技術流出訴訟」や会員の個人情報が流出し企業としての信頼に大打撃を受けた「ベネッセ個人情報流出事件」等がある。また，営業秘密を保有する事業者（保有者）からその営業秘密を示された場合において，不正の利益を得る目的で，またはその保有者に損害を加える目的で，その営業秘密を使用し，開示する行為（同法2条1項7号），その営業秘密について不正開示行為であることまたはその営業秘密について不正開示行為が介在したことを知って，または重大な過失により知らないで営業秘密を取得し，その取得した営業秘密を使用し，開示する行為（同法2条1項8号）は，不正行為になる。さらに，その取得した後にその営業秘密について不正開示行為があったこと，その営業秘密について不正開示行為が介在したことを知って，または重大な過失により知らないでその取得した営業秘密を使用し，開示する行為（同法2条1項9号）が不正行為として規定されている。営業秘密のうち技術上の情報であるもの（技術上の秘密）を使用する行為（不正使用行為）により生じた物を譲渡し，引き渡し，譲渡もしくは引渡しのために展示し，輸出し，輸入し，または電気通信回線を通じて提供する行為が不正行為として規定されている（同法2条1項10号）。ただし，不正使用行為により生じた物であることを知らず，かつ，知らないことにつき重大な過失がない者の行為は除かれる。

（２）限定提供データに係る一連の不正行為

窃取，詐欺，強迫その他の不正の手段により限定提供データを取得する行為（限定提供データ不正取得行為）または限定提供データ不正取得行為により取得した限定提供データを使用し，開示する行為が不正行為になる（不正競争防止法２条１項11号）。そして，限定提供データについて限定提供データ不正取得行為が介在したことを知って限定提供データを取得し，その取得した限定提供データを使用し，開示する行為（同法２条１項12号），その取得した後にその限定提供データについて限定提供データ不正取得行為が介在したことを知ってその取得した限定提供データを開示する行為が不正行為になる（同法２条１項13号）。限定提供データを保有する事業者（限定提供データ保有者）からその限定提供データを示された場合において，不正の利益を得る目的で，またその限定提供データ保有者に損害を加える目的で，その限定提供データを使用する行為または開示する行為が不正行為になる（同法２条１項14号）。限定提供データを使用する行為は，限定提供データの管理に係る任務に違反して行うものに限られる。限定提供データについて限定提供データ不正開示行為であること，その限定提供データについて限定提供データ不正開示行為が介在したことを知って限定提供データを取得し，またはその取得した限定提供データを使用し，もしくは開示する行為が不正行為になる（同法２条１項15号）。さらに，限定提供データを取得した後にその限定提供データについて限定提供データ不正開示行為があったことまたはその限定提供データについて限定提供データ不正開示行為が介在したことを知ってその取得した限定提供データを開示する行為が不正行為になる（同法２条１項16号）。

デジタルデータの限定提供データは，知的財産権管理と知的財産権侵害に関係する。限定提供データがオープンデータとして公表・公開され，知的財産法の個別法の知的財産権の制限のもとに使用・実施されていても，不正競争の目的で限定提供データが使用・実施されていれば，限定提供データの不正行為とされる。知的財産権の制限とは，産業財産権（特許権・実用新案権・意匠権・商標権等）の制限および著作権・出版権・著作隣接権の経済的権利の制限であり，著作者人格権と実演家人格権等の人格的権利の制限も関与しうる。

4．不正競争の防止および不正競争に係る損害賠償に関する措置等

不正競争の防止および不正競争に係る損害賠償に関する措置等は，不正競争に対する差止請求権（不正競争防止法３条）および特定の不正競争に対する罰則（同法21条，22条），不正競争に対する損害賠償請求権（同法４条）と営業上の信用回復措置請求権（同法14条）である。不当な収益・報酬の没収が加えられ，また，営業秘密を侵害して生産された物品の譲渡・輸出入等に対して，損害賠償や差止請求ができるようになる。これらの譲渡・輸出入等の行為は，刑事罰の対象にもなる。

（1）不正競争に対する差止請求権

不正競争によって営業上の利益を侵害され，または侵害されるおそれがある者は，その営業上の利益を侵害する者または侵害するおそれがある者に対し，その侵害の停止または予防を請求することができる（不正競争防止法３条１項）。そして，不正競争によって営業上の利益を侵害され，または侵害されるおそれがある者は，その侵害の停止または予防を請求するに際し，侵害の行為を組成した物の廃棄，侵害の行為に供した設備の除却その他の侵害の停止または予防に必要な行為を請求することができる（同法３条２項）。

（２）不正競争に対する損害賠償請求権

故意または過失により不正競争を行って他人の営業上の利益を侵害した者は，これによって生じた損害を賠償する責めに任ずる（不正競争防止法４条)。ただし，営業秘密または限定提供データを使用する行為によって生じた損害については，消滅時効がある（同法15条)。それは，営業秘密保有者または限定提供データ保有者が，侵害の事実およびその行為を行う者を知った時から３年間行わないとき，その行為の開始の時から20年を経過したとき損害賠償請求権は消滅する。

損害の額の推定については，営業上の利益を侵害された者（被侵害者）が故意または過失により自己の営業上の利益を侵害した者に対しその侵害により自己が受けた損害の賠償を請求する場合において，その者がその侵害の行為を組成した物を譲渡したときは，その譲渡した物の数量（譲渡数量）に，被侵害者がその侵害の行為がなければ販売することができた物の単位数量当たりの利益の額を乗じて得た額を，被侵害者の当該物に係る販売その他の行為を行う能力に応じた額を超えない限度において，被侵害者が受けた損害の額とすることができる（同法５条１項)。不正競争によって営業上の利益を侵害された者が故意または過失により自己の営業上の利益を侵害した者に対しその侵害により自己が受けた損害の賠償を請求する場合において，その者がその侵害の行為により利益を受けているときは，その利益の額は，その営業上の利益を侵害された者が受けた損害の額と推定する（同法５条２項)。不正競争の区分に応じて当該各号に定める行為に対し受けるべき金銭の額に相当する額の金銭を，自己が受けた損害の額としてその賠償を請求することができる。不正競争による侵害に係る営業秘密の使用（同法２条１項４号～９号）または不正競争による侵害に係る限定提供データの使用（同法２条１項11号～16号）に対し受けるべき金銭の額に相当する額の金銭を，自己が受けた損害の額としてその賠償を請求することができる（同法5条3項)。なお，上記の金額を超える損害の賠償の請求を妨げない（同法5条4項)。技術上の秘密に関しては，営業秘密を取得する行為があった場合において，技術上の秘密を使用する行為により生ずる物の生産その他技術上の秘密を使用する行為（生産等）をしたときは，営業秘密を使用する行為として生産等をしたものと推定される（同法5条の2）。

（3）営業上の信用回復措置請求権

信用回復措置請求権は，故意または過失により不正競争を行って他人の営業上の信用を害した者に対しては，裁判所は，その営業上の信用を害された者の請求により，損害の賠償に代え，または損害の賠償とともに，その者の営業上の信用を回復するのに必要な措置を命ずることができる（不正競争防止法14条)。

（4）特定の不正競争に対する罰則

不正競争の防止に関する措置は，22の類型で定義されるすべての不正競争に対する特定の不正競争に対する罰則になる。詐欺等行為または管理侵害行為，詐欺等行為または管理侵害行為により取得した営業秘密の使用または開示，営業秘密の管理に係る任務に背いてその営業秘密の領得に対する侵害罪は，10年以下の懲役もしくは2000万円以下の罰金またはこれの併科になる（不正競争防止法21条1項)。詐欺等行為は，人を欺き，人に暴行を加え，または人を脅迫する行為をいう。管理侵害行為は，財物の窃取，施設への侵入，不正アクセス行為その他の保有者の管理を害する行為をいう。不正競争または規定違反に対する侵害罪は，5年以下の懲役もしくは500万円以下の罰金またはこれの併科になる（同法21条２項)。不正競争は，不正の目的の行為（同法２条１項１号または14号)，他人の著名な商品等表示に係る信用もしくは名声を利用して不正の利益を得る目的で，またはその信用もしくは名声を害する目的による行為（同法２条１項２号)，不正の利益を得る目的の行為（同法２条１項３号)，不正の利益を得る目的で，または営業上技術的制限手段を用いている者に損害を加える目的の行為（同法２条１項11号，12号）になる。営業秘密侵害罪の海外重罰は，10年以下の懲役もしくは3000万円以下の罰金またはこれの併科になる（同法21条３項)。詐欺等行為または管理侵害行為および詐欺等行為または管理侵害行為により取得した営業秘密の使用または開示に対する侵害罪，営業秘密侵害罪の海外重罰は，未遂も罰せられる（同法21条４項)。秘密保持命令の違反は，告訴がなければ公訴を提起することができない（同法21条５項)。営業秘密の侵害物品の譲渡・輸出入等の行為は刑事罰の対象となり，営業秘密侵害の訴訟では一定の場合に立証責任の転換がある。

特定の不正競争に対する両罰規定では，それぞれ営業秘密侵害罪の海外重罰（同法21条３項各号）が10億円以下，一部の営業秘密侵害罪（同法21条１項１号，２号，７号～９号）が５億円以下，侵害罪（同法21条２項各号）が３億円以下の罰金刑になる。

ITの進化や環境の変化を背景に，営業秘密の漏えいが深刻になっている。また，漏えいしたときの影響も，甚大である。そこで，不正な方法による漏えいについて，処罰対象になる行為の範囲と罰則などの見直しが図られ，処罰対象になる行為の範囲の拡大になっている。営業秘密の取得等の未遂行為は，不正に取得・開示されたものと知りながら行うものになり，転売等されてきた営業秘密の使用や転売等に及んでいる。罰則の強化が図られており，不当な収益・報酬は没収される。また，日本国内で管理されている営業秘密のみが対象であったが，海外のサーバーに保管された情報の不正取得へ及ぶことになったのは，クラウドのように海外のサーバーでデータ保管することが増えていることなどが背景にある。

5．おわりに

デジタル社会において，情報の保護の技術的・法的な対応が求められている。その技術的な対応には，デジタル著作権管理（Digital Rights Management：DRM）がある。そして，法的な対応としては，情報ネットワークとウェブ環境における著作物の技術的保護手段と権利管理情報がある。これは，技術的制限手段に係る一連の不正行為とかかわりをもつ。

営業秘密の保護と限定提供データは，知的財産法の検討内容になる。ノウハウやプログラムは，学術論文の中に含まれることがあり，発明の中にも含まれる。そして，プログラム（ソースコード）の保護の対象は，著作権法と特許法を横断し，さらに不正競争防止法との関連で公表と非公表を含む創作物になる。

ところで，情報ネットワークとウェブ環境の知的財産が知的財産法全体を横断する様相を呈している。不正競争防止法は事業者間の公正な競争の面から知的財産権の保護を図る観点によるが，それに対して「私的独占の禁止及び公正取引の確保に関する法律（独占禁止法）」は公正かつ自由な競争の促進の面から一般消費者の利益を確保する観点による。独占禁止法は，知的財産法による権利の行使に対して，原則，適用除外である（同法21条)。しかし，その例外に特許法があり，特許権と専用実施権および通常実施権は取り消されうる（同法100条)。その例外規定が知的財産法全体にも及んでくるとしても，著作権と関連権の取消しはありえないことから，その代替措置も含めた対応が必要になってこよう。

情報ネットワークとウェブ環境において，種々の情報が流通・利用される。その中には，個人情報，企業情報などの不正アクセス等による情報漏えいの問題が生じている。営業秘密の保護は，情報公開法においては不開示情報との関連で検討される対象でもある。営業秘密には，個人情報と法人情報などが含まれる。さらに，営業秘密は，企業秘密や国家機密情報とも関連する。限定提供データは，データベースの著作物にかかわりがあり，オープンデータの派生物であり，オープンイノベーションの起点にもなりうる。

参考文献・資料

(1)　児玉晴男『知財制度論』（放送大学教育振興会，2020年）

(2)　経済産業省知的財産政策室「不正競争防止法　2022」
https://www.meti.go.jp/policy/economy/chizai/chiteki/pdf/unfaircompetition_textbook.pdf

(3)　経済産業省「営業秘密管理指針（平成15年１月30日，最終改訂：平成31年１月23日）」
https://www.meti.go.jp/policy/economy/chizai/chiteki/guideline/h31ts.pdf

(4)　経済産業省「限定提供データに関する指針（平成31年１月23日）」
https://www.meti.go.jp/policy/economy/chizai/chiteki/guideline/h31pd.pdf

学習課題

1）営業秘密の不正行為の事例について調べてみよう。

2）営業秘密に関する判例について調べてみよう。

3）限定提供データの不正行為の事例について調べてみよう。

6　コンテンツの創造・保護・活用の振興

《学習の目標》　知的財産推進計画では，コンテンツ振興の施策も図られている。そのコンテンツの創造，保護および活用を促進するために，コンテンツ基本法がある。本章は，コンテンツ振興とコンテンツ基本法，映画・プログラムを概観する。
《キーワード》　デジタルコンテンツ，コンテンツ事業，コンテンツ事業者，コンテンツ基本法，映画・プログラム

1. はじめに

知的財産推進計画の中には，コンテンツの創造，保護および活用を促進させる施策が含まれている。その施策は，コンテンツ振興といってよい。コンテンツ振興は，「コンテンツをいかした文化創造国家づくり」を標榜している。コンテンツをいかした文化創造国家づくりとは，デジタル・ネット環境を生かした新しいビジネスへの挑戦を促進し，世界に目を向け，グローバルなビジネス展開を支援し，多様なメディアに対応したコンテンツの流通を促進することにある。

デジタル・ネット環境を生かした新しいビジネスへの挑戦を促進するためには，動画配信ビジネスの成長を支援し，新しいビジネス展開にかかわる法的課題を解決し，デジタル・ネット時代に対応した知財制度を整備する必要がある。そして，世界に目を向け，グローバルなビジネス展開を支援するためには，海外展開を促進する環境を整備し，コンテンツ産業のグローバルなビジネス展開を促進しなければならない。また，

多様なメディアに対応したコンテンツの流通を促進するためには，コンテンツの流通を拡大する法制度や契約ルールを整備し，スピーディーな権利処理を実現するための環境を整備し，国立国会図書館のデジタルアーカイブ化と図書館資料の利用が掲げられる。

コンテンツの創造・保護・活用の促進は，情報技術・情報通信技術の開発による基盤整備とともに法整備が求められる。そのために，知的財産基本法の基本理念を共有する「コンテンツの創造，保護及び活用の促進に関する法律（コンテンツ基本法）」が施行されている。本章は，コンテンツ振興，コンテンツ基本法，そしてデジタルコンテンツの映画とプログラムについて概観する。

2．コンテンツ振興

知的財産推進計画には，コンテンツ強化を核とした成長戦略，コンテンツ総合戦略，コンテンツを中心としたソフトパワーの強化，コンテンツの新規展開の推進，そして新デジタル時代に適合したコンテンツ戦略といった多様性があるデジタルコンテンツ戦略がある。そして，知的財産推進計画には，一貫して，クールジャパン戦略がある。

（1）デジタルコンテンツ戦略

コンテンツ振興が含まれる知的財産推進計画において，「知的財産推進計画2018」までの知財戦略である知的創造サイクルを指向するものから，「知的財産推進計画2019」では2030年頃を見据えた知財戦略として価値デザイン社会の実現へ展開している。知的創造サイクルとは，「大学等の活用を通じた知財の創造」，「知財の保護強化」，「技術移転，知財流通を通じた知財の活用」の好循環になる。価値デザイン社会の実現とは，適切な権利保護により，創作活動を促し，利益を上げて，国富・経済的価値を増大することから，「脱平均」の発想で個々の主体を強化し，チャレンジを促し，分散した多様な個性の「融合」を通じた新結合を加速し，「共感」を通じて価値が実現しやすい環境を作ることを指向する。それは，新たな社会 Society5.0のサイバー空間（仮想空間）とフィジカル空間（現実空間）を高度に融合させたシステムにおけるデジタルコンテンツ戦略になる。

「知的財産推進計画2020」では，デジタル時代におけるコンテンツの流通・活用の促進に向けて，新たなビジネスの創出や著作物に関する権利処理および利益分配の在り方，市場に流通していないコンテンツへのアクセスの容易化等をはじめ，実態に応じた著作権制度を含めた関連政策の在り方について検討を行うこととする。COVID-19の拡大は，人々の活動領域をリアル空間からデジタル空間へと移行させ，インターネットを前提にしたビジネスモデルが広がるなどの変化を一層加速させている。アニメ，漫画，映画，音楽等に代表されるコンテンツは，インターネットを通じた配信が主流になりつつある。また，漫画等の原作を，映像作品やゲーム，ライブイベント等へ展開するなど，一つの IP（知的財産）を多元的に利用する事例も増えてきている。さらに，フィンガープリントや AI，ブロックチェーン等の新たな技術の活用により，コンテンツの流通実態のより精緻な把握や管理ができるようになっている。

「知的財産推進計画2021」では，COVID-19は，イベント・エンターテインメントに深刻な影響を与え続けているが，巣ごもり消費によるゲームや電子書籍，動画配信サービスへの需要の大幅な拡大をもたらしていると分析する。世界的に，グローバル・プラットフォームへの対抗という観点からも，既存のメディア・コンテンツ事業者はストリーミング配信を重視する方向に事業転換を図っている。日本のコンテンツ制作環境においては，発注書面や契約が交わされず，著作権等の権利の帰属があいまいになるなど，商慣習の問題とも相まって，作品の成功による利益が現場に必ずしも反映されないことがあるといった指摘がなされている。デジタルトランスフォーメーション（DX）の言葉自体は日本社会にも一定程度浸透し，ほぼすべての産業において，インダストリートランスフォーメーション（IX）が実際に起こりつつある。コンテンツ産業においてもIXの波をどのように乗り越え，どのように勝機を作っていくかの戦略が必要である。

「知的財産推進計画2022」では，Web3.0時代等を見据えたコンテンツ戦略とデジタル時代に対応した著作権制度・関連政策の改革等を掲げ，メタバース[1]，ブロックチェーン，NFT[2]の活用という新しい技術を踏まえたコンテンツの創出に向けた政策，そして個人が安心して創作できて，クリエーターへの対価還元を拡大できるような分野を横断する一元的な権利処理の対応などを目指している。

（2）クールジャパン戦略

「知的財産推進計画2019」では，クールジャパン戦略の持続的強化を掲げ，2015年の「クールジャパン戦略官民協働イニシアティブ」や，2018年に策定された「知的財産戦略ビジョン」等に基づき，各省・官民が連携し進めてきた各取組みが一定の成果を上げつつあるとする。その一方で，日本への理解を深める層の増加などを通じて日本への期待が高まり，より質の高い，深いコンテンツが求められるようになるとともに，デジタル化・グローバル化の進展により世界とのコミュニケーションの方法や頻度も大きく変化している。こうした変化の中で，クールジャパンの取組みの質を高め持続的に世界の共感を得て，それを広げて

1　メタバース（Metaverse）とは，超（Meta：メタ）と宇宙（Universe：ユニバース）をあわせた造語で，インターネットを介して利用する仮想空間のことである。

2　NFT（Non-Fungible Token）とは，非代替性トークンと訳され，世界で唯一無二であることや，作成者，所有権などをデジタル上で証明する仕組みのことである。

いくためには，これまでに各省が行ってきた個別の施策にさらなる強化を加えていく必要がある。

「知的財産推進計画2020」では，COVID-19による世界の人々の行動様式等に与える影響を踏まえても，クールジャパン戦略についての大枠の考え方について変更する必要はないとする。他方で，社会のデジタル化の加速，人の移動や集会の制限，人々の価値観の変化等，クールジャパン戦略策定時には考慮されていなかった環境の変化を踏まえ，「価値観の変化への対応」，「輸出とインバウンドの好循環の構築」および「デジタル技術を活用した新たなビジネスモデルの確立」の 3 点を新たに重視するべき事項として追加する。

「知的財産推進計画2021」では，クールジャパン戦略の再構築を掲げている。COVID-19により，クールジャパン関連分野が消滅する危機に直面しており，関係者が生存をかけて知恵を絞り工夫をこらす中で，デジタル技術やオンラインを活用した取組みを中心に，新たな取組みが芽吹き，厳しい環境の中でも生き残れる本物の日本の魅力が磨かれているととらえている。クールジャパンによる社会変容を踏まえてクールジャパン戦略を再構築し，デジタル技術の活用等を含めた新たなビジネスモデルを確立し，世界に発信することでクールジャパンの取組みを強化していくことが指向される。

「知的財産推進計画2022」では，アフターコロナを見据えたクールジャパンの再起動を掲げ，クールジャパン戦略を，サステナブルの視点で磨きあげて，コミュニティの形成による体験・感動の共有を重視し，アニメ，音楽，アート，IT など各分野の関係者が互いに連携し，相互に強化していくことを目指している。

3．コンテンツ基本法

コンテンツ振興は，コンテンツの創造・保護・活用による国民生活の向上および国民経済の健全な発展に寄与するものになる。そのためには，コンテンツの創造，保護および促進に関する法整備が必要である。その法整備がコンテンツ基本法である。コンテンツ基本法は，知的財産基本法の理念に基づいている。したがって，知的財産推進計画と知的財産基本法との関係が，知的財産推進計画（コンテンツ振興）とコンテンツ基本法の関係になる。コンテンツ基本法は，総則，基本的施策，コンテンツ事業の振興に必要な施策等，行政機関の措置等から構成される（図6－1参照）。

（1）総　則

コンテンツ基本法は，コンテンツの創造・保護・活用の促進に関する施策を総合的かつ効果的に推進し，もって国民生活の向上および国民経済の健全な発展に寄与することを目的とする（同法1条）。コンテンツとは，デジタルコンテンツになり，2類型になる。第一は「映画，音楽，演劇，文芸，写真，漫画，アニメーション，コンピュータゲームそ

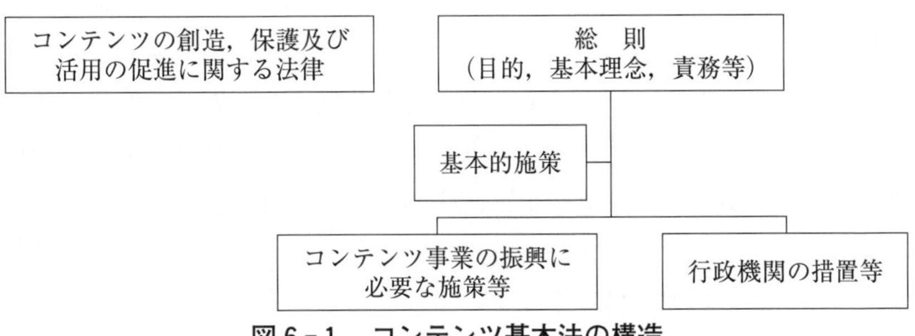

図6－1　コンテンツ基本法の構造

の他の文字，図形，色彩，音声，動作もしくは映像もしくはこれらを組み合わせたもの」をいい，第二は「これらに係る情報を電子計算機を介して提供するためのプログラム」である（同法2条1項)。それらの中には，作成された時点ですでにデジタルデータとなっているボーンデジタル（born digital）とよびうるものが含まれる。コンテンツは，人間の創造的活動により生み出されるもののうち，教養または娯楽の範囲に属するものをいう。

コンテンツ制作に関して，コンテンツの複製，上映，公演，公衆送信その他の利用とコンテンツに係る知的財産権の管理が関与する（同法2条2項)。コンテンツのその他の利用はコンテンツの複製物の譲渡，貸与および展示を含み，それらは，著作権法の著作物が複製され伝達する姿であり，著作権の支分権を表象する。そして，知的財産権とは，特許権，実用新案権，育成者権，意匠権，著作権，商標権その他の知的財産に関して法令により定められた権利または法律上保護される利益に係る権利をいう（知的財産基本法2条2項)。コンテンツの制作等については，コンテンツ基本法2条2項2号は著作権に関し，3号では知的財産権に及ぶ。コンテンツ事業とは，コンテンツ制作等を業として行うことをいい，コンテンツ事業者とはコンテンツ事業を主たる事業として行う者をいう（同法2条3項)。コンテンツ基本法ではデジタルコンテンツにおける事業者の観点によっており，それは活版印刷術が発明された当時に印刷・出版業者の観点にあったことと共通する。知的財産権の管理は，コンテンツが概ね著作権法で保護する著作物であれば，著作権の管理になる。コンテンツ事業者は，国内外におけるコンテンツに係る知的財産権の侵害に関する情報の収集その他のその有するコンテンツの適切な管理のために必要な措置を講ずるよう努めることになる。

コンテンツ基本法の基本理念は，コンテンツとコンテンツ事業の観点からのコンテンツの創造・保護・活用の促進に関する施策の推進にある。コンテンツの観点からは，コンテンツの制作者の創造性が十分に発揮されること，コンテンツに係る知的財産権が国内外において適正に保護されること，コンテンツの円滑な流通が促進されること等を通じて，コンテンツの恵沢を享受し，文化的活動を行う機会の拡大等を図り，国民生活の向上に寄与し，多様な文化の創造に資することにある（同法3条1項)。コンテンツ事業の観点からは，コンテンツ事業者の自律的発展が促されること等を通じて，多様なコンテンツ事業の創出および健全な発展，コンテンツ事業の効率化および高度化ならびに国際競争力の強化等を図り，経済社会の活力の向上および持続的な発展に寄与することにある（同法3条2項)。なお，コンテンツの創造・保護・活用の促進に関する施策の推進は，デジタル社会形成基本法，文化芸術振興基本法，および消費者基本法の基本理念に配慮して行われなければならない(コンテンツ基本法3条3項)。

国，地方公共団体およびコンテンツ制作等を行う者の責務が明記され，国，地方公共団体およびコンテンツ制作等を行う者の連携の強化に必要な施策およびコンテンツの創造・保護・活用の促進に関する施策を実施するため必要な法制上，財政上または金融上の措置その他の措置が講じられなければならないとする。コンテンツ基本法は，国，地方公共団体およびコンテンツ制作等を行う者の連携により，コンテンツ振興を図っていく観点にある。

(2) 基本的施策

国の基本的施策には，人材の育成等，先端的な技術に関する研究開発の推進等，コンテンツに係る知的財産権の適正な保護，そして円滑な流通の促進等がある。その中で，先端的な技術に関する研究開発の推進等では，良質なコンテンツが生み出されるためには，映像の制作，上映または送受信等における技術革新の進展に即応した先端的な技術に関する研究開発の推進，教育の振興などが講じられる必要がある（コンテンツ基本法10条）。そして，コンテンツに係る知的財産権の適正な保護は，コンテンツの公正な利用に配慮しつつ，権利の内容の見直しその他の必要な施策を講ずるものとする（同法11条）。円滑な流通の促進等では，コンテンツの流通に係る技術の開発および利用に対する支援その他の必要な施策を講じ，個人および法人の権利利益の保護に配慮しつつコンテンツに係る知的財産権を有する者に関する情報やコンテンツの内容に関する情報等に係るデータベースの整備に対する支援その他の必要な施策を講ずるものとする（同法12条）。

国および地方公共団体の基本的施策には，適切な保存の促進等，活用の機会等の格差の是正，個性豊かな地域社会の実現，国民の理解および関心の増進がある。

（3）コンテンツ事業の振興に必要な施策等

国のコンテンツ事業の振興に必要な施策等には，多様な方法により資金調達を図るための制度の構築，権利侵害への措置，海外における事業展開の促進，公正な取引関係の構築，中小企業者等への配慮がある。その中で，権利侵害への措置とは，コンテンツに係る知的財産権を侵害する事犯の取り締まり，海外におけるコンテンツに係る知的財産権の侵害に対処するための体制の整備その他の必要な措置を講ずるものとする（コンテンツ基本法18条）。制作事業者の大部分が中小企業者によって占められており，その業務の大部分が受託または請負により行われていることを考慮して，公正な取引関係の構築は，コンテンツの制作を委託し，または請け負わせる者との公正な取引関係が構築されることにより制作事業者の利益が適正に確保されるよう，取引に関する指針の策定その他の必要な施策を講ずるものとする（同法20条）。

上記の国のコンテンツ事業の振興に必要な施策にのっとり，コンテンツ事業者は，コンテンツの適切な管理のために必要な措置を講ずるよう努めるものとする（同法22条１項）。コンテンツの適切な管理は，著作権の管理を含む知的財産権の管理になる。

（４）行政機関の措置等

コンテンツの創造・保護・活用の促進に関する施策の推進にあたっては，コンテンツの創造・保護・活用の促進に必要な措置が適切に講じられるよう，関係行政機関の相互の密接な連携のもとに行われなければならない（コンテンツ基本法23条１項）。関係行政機関の相互の密接な連携は，知的財産戦略本部および関係行政機関の長は，知的財産推進計画においてコンテンツの創造・保護・活用の促進に関して講じようとする施策の充実が図られるようにしなければならない（同法23条２項）。

国と地方公共団体および独立行政法人等は，その有する良質なコンテンツを広く国民が利用することができるよう，コンテンツの積極的な提供その他の必要な措置を講ずるよう努めるものとする（同法24条）。国の委託等に係るコンテンツに係る知的財産権の取扱いとして，国はコンテンツの制作を他の者に委託しまたは請け負わせるに際してその委託または請負に係るコンテンツが有効に活用されることを促進するため，そのコンテンツに係る知的財産権について，その知的財産権を受託者または請負者から譲り受けないことができるとする（同法25条１項）。この規定は，ムーンショット型研究開発制度[3]で知的財産はバイ・ドールを適用して，研究開発機関への帰属が原則とすることと共通する。バイ・ドールの適用とは，いわゆる日本版バイ・ドール規定における特定研究

3　ムーンショット型研究開発制度とは，我が国発の破壊的イノベーションの創出を目指し，従来技術の延長にない，より大胆な発想に基づく挑戦的な研究開発（ムーンショット）を推進する新たな制度である。

開発等成果の権利の帰属に見られるものである（産業技術力強化法17条）。日本版バイ・ドール規定は，国の委託資金を原資として研究を行った場合に，その成果である発明に関する特許などの権利を，委託した国がもつのではなく，受託して実際に研究開発を行った者がもてるようにするという規定である。

知的財産戦略本部は，知的財産推進計画においてコンテンツの創造・保護・活用の促進に関して講じようとする施策の充実が図られるよう，関係行政機関の長に対し，施策または措置について報告を求めることができる（コンテンツ基本法26条）。そして，知的財産戦略本部は，施策または措置についての報告の内容について検討を加え，その結果を知的財産推進計画においてコンテンツの創造・保護・活用の促進に関して講じようとする施策に十分に反映させなければならないとする（同法27条）。コンテンツ振興は，知的財産基本法の知財戦略の中で進められる。

4．デジタルコンテンツ

デジタルコンテンツは，コンテンツ基本法において，映画，音楽，演劇，文芸，写真，漫画，アニメーション，コンピュータゲーム，そしてプログラムが例示されている。

(1) 映　画

映画は，デジタルコンテンツの一つの例示（コンテンツ基本法2条1項）であり，創作的に表現された著作物の一つの例示になる（著作権法10条1項7号）。そして，映画は，映画の効果に類似する視覚的または視聴覚的効果を生じさせる方法で表現され，かつ，物に固定されている著作物を含む（同法2条3項）。また，映画は，翻案され，または複製された小説，脚本，音楽その他の著作物の二次的著作物になる（同法11

条)。映画の著作物には，字幕・アフレコが加えられることがある。すなわち，二次的著作物である映画に，さらに字幕・アフレコに関する著作物が付加された映画の著作物になっている。映画の著作物は，映画の著作物の全体的形成に創作的に寄与する制作，監督，演出，撮影，美術等により形成される著作物の合有物である。そして，映画の著作物において翻案され，または複製された小説，脚本，音楽その他の著作物を除かれる。また，映画は，小説をもとに翻案された二次的著作物になる。

映画の著作物，映画の著作物の著作者，映画製作者は，映画の著作物の権利の帰属で三つの相を示す。そして，映画の著作物は，著作者との関係で説明されているが，映画には実演家（俳優）が大きな役割を果たしている。そうすると，映画は，著作権と著作隣接権がかかわってくる。映画は，我が国の著作権制度にかかわる三つの法律（コンテンツ基本法，著作権法，著作権等管理事業法），五つの権利（著作者人格権，著作権，出版権，実演家人格権，著作隣接権），二つの法理（著作者の権利と著作隣接権者の権利，著作権のある著作物（copyrighted works））を総動員して理解する必要がある。映画に寄与する者は，脚本・監督，音楽，出演，製作にかかわる者であるが，エンドロールの最後には©公開年と映画製作者が表示される。我が国では，映画製作者として映画製作委員会と称し，テレビ制作者，取次会社，出版社等が併記され，さらに各組織の個人名が3名ほど列記されている。大学等のウェブページで表示される©表示（たとえば，© The Open University of Japan, All rights reserved.）は，米国がベルヌ条約に加盟するまで法的な意味があったが，米国がベルヌ条約に加盟した1989年以降は米国以外で法的な意味はない。ただし，企業や大学のウェブページには，現在も，©表示が見られる。

ベルヌ条約では，次のようになる。映画の著作物は，翻案されまたは複製された著作物の著作者の権利を害することなく，原著作物として保護されるものとし，映画の著作物について著作権を有する者は，原著作物の著作者と同一の権利を享有する（ベルヌ条約14条の2）。映画化権は，著作物を映画として翻案しおよび複製することならびにこのように翻案されまたは複製された著作物を頒布することになる。我が国の著作権法における映画の著作物に関して，著作者に上映権・頒布権が付与される。上映権とは，著作者は，その著作物を公に上映する権利を専有とするものになる（著作権法22条の2）。頒布権とは，著作者は，その映画の著作物をその複製物により頒布する権利を専有とするものになる（同法26条1項）。譲渡権と貸与権は，映画の著作物が除かれている（同法26条の2第1項，26条の3）。従来，頒布権は消尽，すなわち著作権の保護期間においても権利が消尽しないとされてきた。しかし，家庭用テレビゲーム機用ソフトウェアの中古品の公衆への譲渡が著作権侵害に当たらないとされた著作権侵害行為差止請求事件[4]において，頒布権は消尽すると判示されている。ここで，映画の著作物は，アニメーションやコンピュータゲーム（ロールプレイングゲームで画面表示される動画）や放送大学の放送授業も対象になる。放送大学学園は，放送事業者であり，映画製作者といってもよいことになる。頒布権が消尽しうることから，映画の著作物は，視聴覚著作物と理解すればよいだろう。

(2) プログラム

プログラムは，無体物の著作物および発明として，プログラムの著作物が著作者の権利として，ネットワーク型特許（物の発明）が特許権で保護されうる。この状況は，ソフトウェア保護が検討されてから40年にわたるプログラムの著作権保護の流れに並行して，プログラムの特許保護の流れがある。1973年のプログラムの著作権制度の文化庁著作権審議

4　最一判平成14年4月25日（平成13年（受）952号）。

会第二小委員会「著作権法による保護の提言」の検討に先立って，1972年に通商産業者（現在，経済産業省）工業局「ソフトウェア法的保護調査委員会中間報告」が検討されている。そして，1975年に特許庁「コンピュータ・プログラムに関する発明についての審査基準（その1）」が出されている。プログラムの特許保護の流れに着目すると，1983年にプログラム権法[5]の立法化作業の開始した後に，1985年の著作権法の改正でプログラムの著作物として保護され，2002年の特許法の改正によりプログラム自体が物の発明として保護されることになる。

5. おわりに

コンテンツの創造・保護・活用を円滑にするためには，法制度や契約ルールの整備やスピーディーな権利処理を実現するための環境の整備がある。そこで描かれているデジタル社会が形成されるうえで，まず著作権問題が解決されなければならない。ブロックチェーンの活用によるコピーが容易なデジタルデータに対し，唯一無二な資産的価値を付与し，新たな売買市場を生み出すものにNFTによるアートがある。その対応は，AIによるAI創作物の著作物性に関する検討とかかわりがあり，我が国においては，コンテンツ基本法と著作権法および著作権等管理事業法の三つの法律が関与する。

コンテンツ基本法は，エンターテインメントコンテンツを主としており，著作権法における著作物の文化の発展への寄与とする点は観点にずれがある。また，著作権法と著作権等管理事業法とは法理が異なる。著作権法が物権と債権とを明確に区別するパンデクテン体系によるものであり，著作権等管理事業法は英米法系の物権と債権とが有機的に結合した信託（trust）の法理に依拠する。その法理の違いは，著作権と関連

5　プログラム権法案は，プログラムの法的保護を新規立法で対処しようとする法案である。プログラム権法案は，登録を効力発生要件とし，使用権を設け，人格的権利を認めない規定をもち，プログラムの権利を特許法により規定するものである。

<table>
<tr><td>著作権法
著作者・著作隣接権者からの観点
（著作権と関連権（著作者人格権・著作権・出版権・実演家人格権・著作隣接権））</td><td>著作権等管理事業法
著作権等管理者からの観点
（著作権・著作隣接権・（出版権））</td></tr>
<tr><td colspan="2">著作権・著作隣接権（著作権のある著作物）の譲渡</td></tr>
<tr><td>・パンデクテン体系（物権と債権との区別あり）</td><td>・信託（物権と債権との区別なし）</td></tr>
<tr><td colspan="2">コンテンツ基本法
コンテンツ事業者からの観点
（著作権）</td></tr>
</table>

図６－２　我が国の著作権制度の三つの法律の関係

権の移転に関して，「著作権・著作隣接権の譲渡」と「著作権のある著作物（copyrighted works）の信託譲渡（transfer）」とが対応する。デジタル社会における著作権制度は，コンテンツ基本法と著作権法および著作権等管理事業法の相互の違いを考慮したうえで，著作権法の中で相互の関係を整合する必要がある（図６－２参照）。

参考文献・資料

(1)　児玉晴男『知財制度論』（放送大学教育振興会，2020年）

(2)　「知的財産の創造，保護及び活用に関する推進計画」
https://www.kantei.go.jp/jp/singi/titeki2/kettei/030708f.html

(3)　「知的財産推進計画」
https://www.kantei.go.jp/jp/singi/titeki2/

(4)　コンテンツの創造，保護及び活用の促進に関する法律
https://elaw.e-gov.go.jp/document?lawid=416AC1000

学習課題

1）知的財産推進計画におけるコンテンツ振興の変遷について調べてみよう。

2）知的財産基本法とコンテンツ基本法との関係を調べてみよう。

3）コンテンツ基本法と著作権法および著作権等管理事業法でそれらの保護の対象とする権利の違いについて調べてみよう。

7　著作物とその伝達行為

《学習の目標》 著作権法では，著作物に著作者の権利および著作物の伝達行為になる実演，レコード，放送・有線放送に著作者の権利に隣接する権利が与えられる。本章は，著作物とその伝達行為に関する著作権法のしくみについて概観する。

《キーワード》 著作物，実演・レコード・放送・有線放送，著作者の権利，実演家・レコード製作者・放送事業者・有線放送事業者の権利，著作権法

1．はじめに

知的財産基本法では著作物を著作権とし，コンテンツ基本法でも同様の見方をとっている[1]。情報法の中では，コンテンツや著作物とのかかわりがある。しかし，著作権法では，コンテンツは著作物として規定される。コンテンツ基本法のコンテンツはデジタル形式をいうが，著作権法では，著作物は，産業財産と同様に無体物であり，アナログとデジタルとを分ける必要がない。ここで，アナログとは著作物が紙やCD，DVDなど有形的な媒体に納められる形態であり，デジタルとは情報ネットワークとウェブ環境の形態といえる。また，著作権法では，実演・レコード・放送・有線放送という著作物を伝達する行為も保護の対象としている。本章は，著作物とその伝達行為の著作権と関連権に関する著作権法のしくみについて概観する。

1　知的財産基本法（コンテンツ基本法）では，著作物は著作権と規定される。また，著作権法が中国著作権法または韓国著作権法でも，著作物は著作権である。ただし，その著作権は人格権（著作人格権）と財産権（著作財産権）からなる。しかし，我が国の著作権法であれば著作物は著作者の権利として保護され，著作者の権利は著作者人格権と著作権である。

2．著作物とその伝達行為

知的財産基本法では，著作物が著作権であることが明記されている（知的財産基本法２条１項，２項）。その著作物と著作権を規定するのが著作権法である。しかし，著作権法では，著作物に関し著作者の権利の保護ならびに実演，レコード，放送および有線放送に関し著作者の権利に隣接する権利の保護が定められている（著作権法１条）。実演，レコード，放送および有線放送は，著作物の伝達行為になる。著作権法で規定される関係は，コンテンツ基本法で想定される関係より複雑になる。

（1）著作物

著作物は，思想または感情を創作的に表現した文芸，学術，美術または音楽の範囲に属するものをいう（著作権法２条１項１号）。著作物は，例示され，言語の著作物，音楽の著作物，舞踊または無言劇の著作物，美術の著作物，建築の著作物，図形の著作物，映画の著作物，写真の著作物がある（同法10条１項各号）。なお，放送番組やテレビゲームソフトも，映画の著作物である。

そして，二次的著作物（同法11条）があり，編集著作物（同法12条）とデータベースの著作物（同法12条の２）がある。編集著作物はアナログ形式になり，データベースの著作物はデジタル形式である。なお，著作物が無体物であることから，編集著作物とデータベースの著作物を分ける必要はないはずである。実際，データの編集物（compilation of data）（データベース（database））は，素材の選択または配列によって知的創作物を形成するデータその他の素材の編集物は，その形式のいかんを問わず，知的創作物として保護される（著作権に関する世界知的所有権機関条約５条１項）。なお，二次的著作物と編集著作物・データベースの著作物は，共同著作物が渾然一体となるのに対して，部分と全体で分けられる。

（２）著作物の伝達行為――実演・レコード・放送・有線放送

著作物の伝達行為は，実演，レコード，放送，有線放送であり，給付になる。著作物を伝達する行為といえる出版や自動公衆送信は，実演等のカテゴリーには含まれていない。ただし，出版は独国や中国では実演等のカテゴリーに含まれており，情報ネットワークとウェブ環境ではそれらの国との整合が求められる。

3．著作者と実演家・レコード製作者・放送事業者・有線放送事業者

（１）著作者

著作者とは，著作物を創作する者をいう（著作権法２条１項１号，２号）。言語の著作物の著作者は小説家・脚本家・研究教育者，音楽の著作物の著作者は作詞家・作曲家，舞踊または無言劇の著作物の著作者は舞踊家，美術の著作物の著作者は画家・彫刻家，建築の著作物の著作者は建築家，図形の著作物の著作者はデザイナー，写真の著作物の著作者は写真家，プログラムの著作物の著作者はプログラマー，システムズエンジニア，プロジェクトマネージャ等になろう。映画の著作物の全体的形成に創作的に寄与する者が映画の著作物の著作者であり，映画の著作物において翻案され，または複製された小説家，脚本家，音楽家等は，映画の著作物の著作者から除かれる。なお，著作物の原作品に，または著作物の公衆への提供もしくは提示の際に，その氏名もしくは名称（実名）またはその雅号，筆名，略称その他実名に代えて用いられるもの

(変名) として周知のものが著作者名として通常の方法により表示されている者は，その著作物の著作者と推定される (同法14条)。著作者は，発明者と同様に，みなされるものではない。

(2) 著作物の伝達行為者
——実演家・レコード製作者・放送事業者・有線放送事業者

実演家，レコード製作者，放送事業者，有線放送事業者は，著作物を伝達する行為を行う者である。実演家は，俳優，舞踊家，演奏家，歌手その他実演を行う者および実演を指揮し，または演出する者をいう (著作権法2条1項4号)。そして，レコード製作者は，レコードに固定されている音を最初に固定した者である (同法2条1項6号)。また，放送事業者は放送を業として行う者であり (同法2条1項9号)，有線放送事業者は有線放送を業として行う者になる (同法2条1項9の3号)。なお，出版者や自動公衆送信事業者は著作物の伝達行為者であるが，出版者は実演家等のカテゴリーには含まれておらず，自動公衆送信事業者の規定は明確ではない。ただし，出版者は独国と中国では，実演家等のカテゴリーになり，それらの国との整合が情報ネットワークとウェブ環境では求められる。

4. 著作者の権利とそれに隣接する権利
——著作権と関連権

(1) 著作権と関連権の発生

① 著作者の権利

著作物を創作する者は，著作者の権利を専有する (著作権法2条1項2号)。著作者の権利は，著作物を創作した時点で発生する。著作者の権利は，著作者の人格的権利である著作者人格権と著作者の経済的権利である著作権からなる。著作者人格権は公表権と氏名表示権および同一性保持権（同法18条〜20条）からなり，著作権は支分権（同法21条〜28条）からなる（表７－１参照）。

著作権の支分権は，「音楽教室における著作物使用にかかわる請求権不存在確認控訴事件」[2]ではヤマハ音楽教室と日本音楽著作権協会（JASRAC）とで演奏権侵害が問われ，「著作権確認請求反訴控訴事件」[3]は記念樹事件とよばれるもので編曲権が問われたが，そもそも楽曲の複製権が前提となっている。このことから，それらの問題は著作権の支分権の相互連携からとらえうる。著作権の支分権の関係は，著作物が複製され，その形を保持したまま伝達され，さらにその著作物が新たな著作物に取り込まれて新たに創作されていく循環過程を表している。

ところで，著作者は自然人であるが，職務著作の特別な場合は法人が著作者となりうる。たとえば，映画製作者が映画の著作物の製作に発意と責任を有する者（同法２条１項10号）であるとき，映画の著作物に対して著作者の権利を享有することがある（同法15条１項）。ソフトウェア会社も同様であるが，プログラムが企業内で閉じて使用されることがあり，前項と異なり公表の要件はない（同法15条２項）。なお，職務著作規定といえる著作権法15条は，職務発明規定の特許法35条とは趣を異

表７－１　著作者の権利

著作権
複製権　上演権および演奏権　上映権　公衆送信権等[4]　口述権　展示権　頒布権　譲渡権　貸与権　翻訳権・翻案権等　二次的著作物の利用に関する原著作者の権利
公表権　氏名表示権　同一性保持権
著作者人格権

2　知財高判令和３年３月18日（令和２年（ネ）10022号）。

3　東京高判平成14年９月６日（平成12年（ネ）1516号）。

4　公衆送信権等とは，放送権と有線放送権および自動公衆送信権，自動公衆送信権に送信可能化が含まれる。

表７－２　実演家・レコード製作者・放送事業者・有線放送事業者の権利

実演家の権利	レコード製作者の権利	放送事業者の権利	有線放送事業者の権利
著作隣接権			
録音権および録画権　放送権および有線放送権　送信可能化権　放送のための固定　放送のための固定物等による放送　商業用レコードの二次使用　譲渡権　貸与権等	複製権　送信可能化権　商業用レコードの二次使用　譲渡権　貸与権等	複製権　再放送権および有線放送権　送信可能化権　テレビジョン放送の伝達権	複製権　放送権および再有線放送権　送信可能化権　有線テレビジョン放送の伝達権
氏名表示権　同一性保持権			
実演家人格権			

にしている。広義の権利の帰属からとらえる必要がある[5]。

② 実演家・レコード製作者・放送事業者・有線放送事業者の権利

著作権法では，実演，レコード，放送および有線放送に関し，著作者の権利に隣接する権利が定められている。実演，レコード，放送および有線放送は，それぞれ著作物を実演したとき，音を物に最初に固定したとき，放送を行ったとき，有線放送を行ったときに，実演家の権利，レコード製作者の権利，放送事業者の権利，有線放送事業者の権利が発生する。実演家の権利，レコード製作者の権利，放送事業者の権利，有線放送事業者の権利は著作隣接権になり，実演家の権利には実演家人格権が認められ，実演家人格権は氏名表示権，同一性保持権からなる（同法90条の２，90条の３）（表７－２参照）。なお，実演家の権利の著作隣接権には，複製権の例示がない。

（２）著作権と関連権の帰属

著作権は，その全部または一部を譲渡できる（著作権法61条１項）。全部とは，著作権の支分権の著作権法21条から28条をいう。著作権を譲

5　児玉晴男「職務発明の権利帰属と職務著作の権利帰属との整合性」『パテント』69巻６号（2016年）pp. 38-46。

渡する契約において，著作権法27条または28条に規定する権利が譲渡の目的として特掲されていないときは，これらの権利は，譲渡した者に留保されたものと推定される（同法61条２項）。著作権法27条は翻訳権，翻案権等の二次的著作物の作成に関する権利，著作権法28条は二次的著作物の利用に関する権利になる。なお，映画の著作物の著作権は，映画製作者（放送事業者，有線放送事業者）に帰属する（同法29条）。ただし，放送事業者，有線放送事業者は，著作隣接権の帰属または複製権の帰属と解釈する必要があろう。

複製権または公衆送信権等を有する者（複製権等保有者）は，その著作物について，文書もしくは図画として出版すること，また公衆送信行為を行うことを引き受ける者に対し，出版権を設定することができる（同法79条１項）。そして，著作権者は，他人に対し，その著作物の利用を許諾することができる（同法63条１項）。出版権の設定は物権的な権利であり，著作物の利用の許諾は債権的な権利になる。

著作者人格権は，著作者の一身に専属し，譲渡することができない（同法59条）。実演家人格権も，実演家の一身に専属し，譲渡することができない（同法101条の２）。著作権の譲渡がなされても，著作者人格権は著作者に留め置かれる。実演家人格権に関しても同様である。このとき，著作権の譲渡とともに，著作者人格権の不行使特約が求められることがある。これは，著作隣接権の譲渡とともに実演家人格権の不行使特約が求められることがある場合と同様に，この契約に関しては，米国の連邦著作権法との整合性を与えることができるものの，著作者人格権と著作権との一体不可分性からは親和性に欠ける。

（３）著作権と関連権の制限

我が国の著作権法では，五つの権利（著作権，著作者人格権，出版権，著作隣接権，実演家人格権）の制限がかかわりをもつ。ただし，著作者の権利と著作隣接権との関係は，著作者の権利に影響を及ぼすものと解釈してはならない（著作権法90条）。それは，著作者人格権に実演家人格権も影響を及ぼすものと解釈してはならないことになり，出版権に影響を及ぼすものと解釈してはならないことを含む。

①　著作権の制限

著作権の制限は，文化的所産の公正な利用を促進する観点から，公表された著作物をある条件のもとに使用することができるとするものである。文化の発展に寄与することを目的とする著作権法において，近年，情報技術または情報通信技術の発達・普及に伴うものが加えられている。

著作権の制限の典型的な規定に，私的使用のための複製（同法30条）と図書館等における複製等（同法31条）がある。これは，３段階をクリアできなければ，権利の制限を認めることはできない。３ステップテスト（ベルヌ条約９条⑵）と私的使用のための複製との関係は，①著作物，実演またはレコードの通常の利用を妨げず，かつ，②権利者の利益を不当に害しない，③特別な場合（certain special cases）には，国内法により権利の制限を定めることができる。なお，コピープロテクション等技術的保護手段の回避装置などを使って行う複製については，私的複製でも著作権者の許諾が必要である。そして，私的使用のための複製にフェアユースの法理の導入が一部なされている。それは，「写り込み」における付随対象著作物の利用（著作権法30条の２）や検討の過程における利用（同法30条の３）と著作物に表現された思想または感情の享受を目的としない利用（同法30条の４）である。そして，図書館等における複製等（同法31条）の複製が認められる図書館は，公共図書館や大学図書館その他著作物を一般公衆の利用に提供している施設に限定される。

コピー・アンド・ペーストといえる著作権の制限に，引用（同法32条1項），転載（同法32条２項）がある。引用では，「引用の目的上正当な範囲内」で行われるもの，引用される部分が「従」で自ら作成する著作物が「主」，かぎ括弧を付けるなどして引用文であることを明確に区分，そして引用の際の出所の明示が必要とされる。

教育目的の使用として，教育目的のカテゴリーには，教科用図書等への掲載（同法33条），教科用図書代替教材への掲載等（同法33条の２），教科用拡大図書等の作成のための複製等（同法33条の３），学校教育番組の放送等（同法34条），教育の情報化に関する規定といえる学校その他の教育機関における複製等（同法35条），試験問題としての複製等（同法36条）がある。掲載は，引用と転載に類似する。また，視覚障害者等のための複製等（同法37条），聴覚障害者のための自動公衆送信（同法37条の２）という身体的な障害に配慮した使用がある。著作権の制限，すなわち公表された著作物の使用は，原則，営利性があってはならないとされる。そこで，営利を目的としない上演等（同法38条）が可能である。

時事問題に関する論説の転載等（同法39条），政治上の演説等の利用（同法40条），時事の事件の報道のための利用（同法41条），裁判手続き等における複製（同法42条）という公共政策的な使用ができる。また，他法との関係で，行政機関情報公開法等による開示のための利用（著作権法42条の２），公文書管理法等による保存等のための利用（著作権法42条の３），国立国会図書館法によるインターネット資料の収集のための複製（著作権法43条）がある。

また，放送と有線放送の著作物の伝達行為に伴う放送事業者等による一時的固定（同法44条）が許されている。ただし，この規定の例がなければ，放送コンテンツのアーカイブは成り立たない。また，美術品に関する著作権の制限として，美術の著作物等の原作品の所有者による展示（同法45条），公開の美術の著作物等の利用（同法46条），美術の著作物等の展示に伴う複製（同法47条），美術の著作物等の譲渡等の申出に伴う複製等（同法47条の2）の使用がある。

情報技術・情報通信技術に関係する著作権の制限として，プログラムの著作物の複製物の所有者による複製等（同法47条の3），電子計算機における著作物の利用に付随する利用等（同法47条の4），電子計算機による情報処理およびその結果の提供に付随する軽微利用等（同法47条の5）がある。また，公表された著作物は，二次的著作物の翻訳，翻案等による利用（同法47条の6）にも及ぶ。

上記の著作権の制限は，複製権の制限により作成された複製物の譲渡（同法47条の7）に及ぶ。なお，引用と掲載，教科用図書等への掲載，教科用拡大図書等の作成のための複製等，視覚障害者等のための複製等，裁判手続き等における複製，美術の著作物等の展示に伴う複製については，使用する著作物の出所を明示しなければならない（同法48条）。

著作権の制限においては，原則，営利性がなければ，著作権者等への許諾と著作権料の支払いは不要である。しかし，文化的所産の公正な利用に留意しつつ，著作者等の権利の保護を図る観点からの著作権の制限の傾向性として，著作者・発行者への通知と著作権者への補償金の支払いを伴うものがあり，さらに営利性を許容する規定がある（表7-3参照）。

②　著作者人格権の制限

著作権の制限の規定は，著作者人格権との関係に影響を及ぼすものではない（著作権法50条）。著作物の使用では，著作権の制限とともに，著作者人格権の制限もクリアしなければならない。

表7－3　著作権の制限における補償金が課される規定

著作権の制限規定	通知先	補償金支払先	営利性
私的使用のための複製（デジタル方式の録音又は録画（著作権法30条３項））	—	著作権者	—
教科用図書等への掲載（同法33条２項）	著作者	著作権者	—
教科用図書代替教材への掲載等（同法33条の２第２項）	発行者	著作権者	—
教科用拡大図書等の作成のための複製等（同法33条の３第２項）	発行者	著作権者	あり
学校教育番組の放送等（同法34条２項）	著作者	著作権者	—
学校その他の教育機関における複製等（公衆送信の場合[6]（同法35条２項））	—	著作権者	—
試験問題としての複製等（同法36条２項）	—	著作権者	あり
営利を目的としない上演等（同法38条５項）	—	頒布権者	—

③　出版権の制限

著作物の使用において，著作権の制限だけでは不十分である。特に著作物の出版においては，出版権の制限が求められる。なお，出版権の制限は，著作権の制限における著作者への通知と補償金の支払いの規定を準用していない。ただし，教科用拡大図書等の作成のための複製等において，教科用図書等を発行する者への通知は，複製権等保有者（著作権者）の出版権（複製権と公衆送信権等）の設定による出版権者への通知の規定になる（著作権法33条の２第２項）。

④　著作隣接権の制限

著作物だけでなく，著作物の伝達行為を保護する著作権法において，

6　著作権法35条２項は，小中高の検定教科書の複製と公衆送信とのかかわりで理解すべきであり，公衆送信の場合として複製権と分離し，大学のオンライン授業へ適用することに疑問がある（児玉晴男「大学講義のオンライン化の権利問題」『現代思想2020年10月号（特集＝コロナ時代の大学）』48巻14号（2020年）pp. 85–92）。

著作物の使用は，著作物の伝達行為に関する権利の制限が関与する。すなわち，公表された著作物の使用に関して，著作権の制限と出版権の制限，さらに著作隣接権の制限が関与する。

著作権の制限と著作隣接権の制限および出版権の制限は，無体物の著作物が複製され，伝達され，派生していく態様にあわせて，その内容は複製権の制限に包摂される。

⑤　実演家人格権の制限

著作隣接権の制限に関する規定は，実演家人格権に影響を及ぼすものではない（著作権法102条の２）。実演家の権利の著作隣接権の制限がクリアしても，実演家人格権の制限もクリアしなければ，実演の使用はできないことになる。

（４）著作権と関連権の範囲

著作物の同一性と類似性の判断は，複製した著作物が複製された著作物と一致しなければならない。しかし，必ずしも複製された著作物と複製する著作物が一対一に対応しなくともよい場合がある。また，ありふれた表現も，権利の範囲とはならない。著作物（コンピュータ・プログラム）の同一性の判断に，実質的類似性がある。これは，著作権侵害においては，デッドコピーの場合を除き，複製したという立証が事実上不可能に近いので，アクセス性および実質的類似性（substantial similarity）の二つの要件から，複製に該当するかどうかが判断される。依拠性と類似性が著作権侵害の基準になる。依拠性は，他人の著作物の内容を知って，その他人の著作物の内容に基づいて著作物を作出しているかどうかということである。逆に，他人の著作物の内容をまったく知らないで，類似性のある著作物を作出してしまった場合は，著作権侵害に当たらない。

著作権の保護期間は，著作物の創作の時から著作者の死後70年を経過するまでの間存続する（著作権法51条）。無名・変名の著作物，団体名義の著作物の著作権は，その著作物の公表後70年を経過するまでの間存続する（同法52条１項，53条１項）。権利の消滅は，保護期間の満了（同法51条２項，52条１項，53条１項，54条１項，２項，101条），権利者が死亡し，その相続人が不存在の場合（同法62条１項１号，103条），権利者である法人が解散の場合になる（同法62条１項２号，103条）。著作権の終期の起算日は，著作者が死亡した日または著作物が公表されもしくは創作された日のそれぞれ属する年の翌年から起算する。

著作隣接権の保護期間は，実演と最初の音の固定から70年，放送と有線放送から50年を経過するまでの間存続する。また，著作物等の実演の終期の起算日は実演が行われた日の属する年の翌年，音の固定の終期の起算日はレコードの発行が行われた日の属する年の翌年（保護期間内に発行されないときは，音が最初に固定された日の属する年の翌年），放送の終期の起算日は放送が行われた日の属する年の翌年，有線放送の終期の起算日は有線放送が行われた日の属する年の翌年である。

著作物の著作者が存しなくなった後においても，著作者が存しているとしたならばその著作者人格権の侵害となるべき行為をしてはならない。（同法60条）。実演の実演家の死後においても，実演家が生存しているとしたならばその実演家人格権の侵害となるべき行為をしてはならない（同法101条の３）。しかし，著作物とその伝達行為をそのまま使用するならば，氏名は表示され，同一性があることから，人格的権利の保護期間を問う必要性がない場合がある。また，中国著作権法では人格権は半永久である。

（5）著作権と関連権の侵害に対する救済・制裁

著作権法はあっせんによる解決がある（著作権法109条）。あっせんは，訴訟に入る前の紛争処理の対応である。著作権等の民事上の侵害と救済に，差止請求権，損害賠償請求権，原状回復措置請求権（名誉回復等の措置）がある。差止請求権は，現実の損害が出る前段階になる。著作者，著作権者，出版権者，実演家または著作隣接権者は，その著作者人格権，著作権，出版権，実演家人格権または著作隣接権を侵害する者または侵害するおそれがある者に対し，その侵害の停止または予防を請求することができる（同法112条）。差止請求権は，侵害のおそれがあれば足りる。損害賠償請求権は，不法行為による損害賠償を規定した民法709条による。不法行為においては加害者に故意または過失があることが要件とされている。損害賠償請求権は，現実の損害行為に対するものであり，故意または過失によることが要件になる。損害賠償額は，侵害行為により受けた利益（権利者の受けた損害の額），権利行使により通常受け取るべき額に相当する額（権利者の受けた損害の額），権利行使により通常受け取るべき額を超える額になる（著作権法114条）。名誉回復等の措置は，著作者または実演家は，故意または過失によりその著作者人格権または実演家人格権を侵害した者に対し，損害の賠償に代えて，または損害の賠償とともに，著作者または実演家であることを確保し，または訂正その他著作者もしくは実演家の名誉もしくは声望を回復するために適当な措置を請求することができる。（同法115条）。原状回復措置請求権の時効は，侵害を知ってから3年，その侵害から20年で消滅する（民法724条）。不当利得返還請求権は，共同著作物等の権利侵害の不当利得の返還の請求（著作権法117条）と無名または変名の著作物に係る権利の保全の不当利得の返還の請求（同法118条）になる。

著作権と関連権の刑事上の侵害と救済に侵害罪がある（同法119条～

122条)。その罰則は，それぞれ，10年以下の懲役もしくは1000万円以下の罰金に処し，またはこれの併科，5年以下の懲役もしくは500万円以下の罰金に処し，またはこれの併科，3年以下の懲役もしくは300万円以下の罰金に処し，またはこれの併科，1年以下の懲役もしくは100万円以下の罰金に処し，またはこれの併科になる。また，引用等で必要となる出所の明示の規定に違反した者は，50万円以下の罰金に処される(同法122条)。なお，秘密保持命令に違反した者は，5年以下の懲役もしくは500万円以下の罰金に処し，またはこれの併科になる（同法122条の2）。著作権法にも，両罰規定があり，法人の代表者にたとえば上限3億円以下の罰金刑が科される（同法124条1項1号)。

5. おわりに

我が国の著作権法は，著作物とその伝達行為（実演，レコード，放送，有線放送）を保護の対象とし，それらの著作者の権利とそれに隣接する権利として保護する。それら権利は，著作者人格権，著作権，出版権，実演家人格権，著作隣接権になる。出版権は，我が国では著作隣接権としての出版者の権利と関連づけられて何度か議論がなされてきているが，著作隣接権として規定されている国がある。

著作権法の国際条約は，1989年に米国がベルヌ条約に加盟したことから，国際的にはベルヌ体制にある。しかし，各国の文化や社会制度とのからみで著作権法が理解し解釈されることから，相反する法理が含まれることがありうる。デジタル社会の中で，通信と放送が連携・融合するデジタル環境下において，情報が情報通信端末で活用されるとき，我が国の著作権法と諸外国の著作権法の関係を理解しておくことが重要である。その関係は，特に，日米の著作権法についていえる。著作者の権利として著作物が保護される法理において著作権の制限を設けることと，有形的媒体への固定を条件にしてcopyrightを認める法理の中で権利制限とフェアユースを認めることとは，前提が本質的に異なっている。

オープンコンテンツにクリエイティブ・コモンズ，オープンコースウェア（OCW），大規模オンラインコース（MOOC）がある。そこでは，CCライセンスが採用されているが，その制度は米国の著作権法の法理に準拠している。我が国の著作権法の法理との整合が必要であろう。その関係は，我が国にも見られるものであり，それらは著作権等管理事業法と著作権法との対応になる。

参考文献

(1)　斉藤博『著作権法概論』（勁草書房，2014年）
(2)　作花文雄『著作権法概論（改訂版）』（放送大学教育振興会，2019年）
(3)　児玉晴男『知財制度論』（放送大学教育振興会，2020年）

学習課題

1）著作権法における著作物とコンテンツ基本法におけるコンテンツがどのように規定されているかを調べてみよう。
2）出版権について調べてみよう。
3）著作権の制限における補償金制度について調べてみよう。

8 知的財産権管理

《学習の目標》 知的財産権管理は権利者が自ら管理するものであるが，信託による権利管理がある。本章は，著作権法と産業財産権法および著作権等管理事業法と信託業法等による知的財産権管理，秘密管理とセキュリティ管理を概観する。
《キーワード》 著作権と関連権管理，著作権等管理，デジタル著作権管理，知的財産権の管理，秘密管理，セキュリティ管理，知的財産法，著作権等管理事業法，信託業法

1．はじめに

情報ネットワークとウェブ環境において，著作物が流通・利用されている。それは，著作物とメディアのかかわりからアナログ環境と対比され，著作物のデジタル化・ネットワーク化，マルチメディア，そしてユビキタス，クラウドといろいろに表現されるデジタル環境になる。コンテンツに関しては，「コンテンツの創造，保護及び活用の促進に関する法律（コンテンツ基本法)」において，知的財産権の管理と知的財産権の帰属の規定がある。

我が国では，著作物（コンテンツ）の流通・利用において，著作権法と著作権等管理事業法が関与する。そこでは，権利管理の対象は，それぞれ著作権と関連権，著作権等と表記される。コンテンツ基本法，著作権法，著作権等管理事業法の対象となる権利には違いがある。

産業財産権法は，特許法，実用新案法，意匠法，そして商標法で特許

権，実用新案権，意匠権，商標権の管理がなされる。また，信託業法により，信託会社が知的財産権管理を行うことができる。産業財産権法と信託業法の権利管理は，著作権法と著作権等管理事業法の権利管理と同じ関係である。

知的財産権管理は権利者が自ら管理する必要があるが，権利者個人で適切に権利管理することが困難な場合がある。さらに，知的財産権侵害の対応からの知的財産の秘密管理や情報法とのかかわりからのセキュリティ管理が関与する。本章は，著作権法と産業財産法における権利管理，著作権等管理事業法と信託業法における信託による権利管理，さらにデジタル著作権管理や秘密管理およびセキュリティ管理について概観する。

2. 著作権法と産業財産権法による権利管理

（1）著作権法による著作権と関連権管理

我が国の著作権法では，著作者の権利とそれに隣接する権利が権利管理の対象になる。著作者の権利が「著作者の人格的権利である著作者人格権」と「著作者の経済的権利である著作権」から構成される。また，著作者の権利に隣接する権利は，実演家人格権と著作隣接権からなる。さらに，複製権等保有者（著作権者）は，経済的権利の出版権（複製権と公衆送信権等）を設定することができる。

著作者の権利とそれに隣接する権利は，著作権と関連権（copyright and related rights）ともよばれる権利である。著作権と関連権は，著作者人格権，著作権，出版権，実演家人格権，著作隣接権を対象とし，その相互の関係が人格的権利と経済的権利から構成される。著作権と関連権管理は，人格的権利と経済的権利との関係から見る必要がある。

著作者は，著作物に対する著作者の権利（著作者人格権と著作権）に基づく権利管理になる。著作隣接権者は，著作物の伝達に関する著作隣接権に基づく権利管理になる。ただし，著作隣接権者のうち実演家は，著作隣接権とともに実演家人格権が権利管理の対象になる。なお，著作者が著作権を譲渡し，また著作隣接権者が著作隣接権を譲渡した場合は，譲渡された者が権利管理することになる。ただし，著作者（自然人と職務著作における法人等）と実演家の著作者人格権と実演家人格権は，譲渡や相続ができない一身専属権である。著作物とその伝達行為の人格的権利は，それぞれ著作者と実演家が権利管理することになる。

（2）産業財産権法による産業財産権の管理

知的財産基本法の定義によると，知的財産が発明であるとき，その知的財産権は特許権になり，知的財産が考案であるとき，その知的財産権は実用新案権になり，知的財産が意匠であるとき，その知的財産権は意匠権になる。また，知的財産が商標，商号その他事業活動に用いられる商品または役務（サービス）を表示するものであるとき，その知的財産権は商標権となる。産業財産権の管理は，特許権・実用新案権・意匠権と専用実施権および商標権と専用使用権が対象となる。

（3）デジタル著作権管理

IT 社会やデジタル社会が議論されているとき，著作権や電子商取引（electronic commerce : EC）の経済的な効果に関心が向けられている。それと関連して，デジタル著作権管理（Digital Rights Management : DRM）がいわれている。DRM は，音楽や映画などのデジタルコンテンツの著作権を保護する技術や機能の総称である。そして，著作権等の所有から使用への観点の移行の中で，Transcopyright システムは，情報ネットワークを介したコンテンツ（デジタルコンテンツ）の流通における著作権管理の基本モデルになっている。そして，コピーマート[1]や超流通[2]およびコンテンツ ID[3]は，そのような視点からとらえうる。それらは，潜在化しており，著作物の性質の一つの側面に対するものになる。このような電子的著作権管理システムに欠けているのは，著作物の構造から導かれる公共的な評価が加えられていないことである。その評価とは，オープンコンテンツという面である。それは，リアル世界とバーチャル世界におけるそれぞれの価値が相補的な関係にあることである。

一般に，物やサービスの利用料の関係は，利用者が提供者に対し直接に支払うべきものである。電子情報についても，同様な見方ができよう。他方で，電子メディアの本来性が発揮されれば，そのオリジナリティの所属があいまいとなり，著作権や情報の「値段」が消滅していく対象であるとの見解がある[4]。また，電子情報の利用料を必ずしもエンドユーザである利用者が直接に支払う必要のないものとする見解もある[5]。それらの見方には，情報技術の影響による出版の経済性と公共性との新たな均衡を図る方向性が見いだせる。

著作権制度の権利管理の及ぶ範囲は，経済的権利のみでなく，人格的権利と経済的権利の連携・融合，さらに著作権の制限と出版権の制限お

1　コピーマートは，著作権情報が埋め込んである「知識ユニット（knowledge unit)」がデジタル情報の複製の基本的な構成単位としている。それらは，コピー技術の変化にあわせて構想されたものであり，著作物伝達・複製に関する技術の変化に合致しており，技術的および法的な対応において適合する。

2　超流通は，著作物の流通およびその使用料の決済システムであり，プログラムやデジタル化された著作物の「所有」に対してではなく，「利用」に対して課金を行うものである。

3　コンテンツ ID は，デジタルコンテンツごとにユニークなコード（コンテンツ ID）を付与することで，著作権の管理と保護を効率化し，かつデジタルコンテンツの再利用を促進するフレームワークである。

4　黒崎政男「電子メディア時代の「著者」」竹内郁雄『新科学対話』（アスキー出版局，1997年）pp. 203-218。

5　下條信輔「Opinion コマーシャルとコンテンツ――情報化新時代の複合化問題」『bit』29巻 7 号（1997年）p. 3。

よび著作隣接権の制限も考慮する必要がある。さらに，映画のタイトルエンドを見れば明らかなように，著作者，著作隣接権者（実演家，レコード制作者），さらに商標権者など，産業財産権にかかわる権利者が含まれる。

3．信託による権利管理

（1）コンテンツ基本法の知的財産権の管理

コンテンツ基本法は，コンテンツ制作にあたっては，コンテンツの複製，上映，公演，公衆送信その他の利用があり，そこにはコンテンツの複製物の譲渡，貸与および展示を含む。そして，コンテンツに係る知的財産権の管理がかかわる。この知的財産権の管理では，「知的財産」が著作物のときの「知的財産権」が著作権の対応関係になる（知的財産基本法２条１項，２項）。なお，知的財産権の規定では，国の委託等に係るコンテンツに係る知的財産権の取扱いにおいて，知的財産権を受託者または請負者（受託者等）から譲り受けないことができるとする（コンテンツ基本法25条１項）。その措置は知的財産（コンテンツ）の活用を促進することを目的とする権利の帰属になり，それは知的財産（コンテンツ）の知的財産権の管理になる。

コンテンツ事業者は，国内外におけるコンテンツに係る知的財産権の侵害に関する情報の収集その他のその有するコンテンツの適切な管理のために必要な措置を講ずるよう努めることになる（同法22条１項）。その知的財産権のカテゴリーでは著作権を指し，それがコンテンツ事業者による権利管理の対象になる。それは，たとえば“© The Open University of Japan, All rights reserved.”の意味と類似する。放送大学は，ウェブページのコンテンツの著作権に関連して，コンテンツ事業者または独立行政法人として著作権管理に関与することになろう。

（２）著作権等管理事業法による著作権等管理

著作権等管理事業法は，著作権と著作隣接権の管理を委託する者を保護するとともに，著作物，実演，レコード，放送と有線放送の利用を円滑にし，もって文化の発展に寄与することを目的とする（同法１条）。著作権等管理事業法は，著作権と著作隣接権を管理する事業を行う者について登録制度を実施し，管理委託契約約款および使用料規程の届出および公示を義務づける等，その業務の適正な運営を確保するための措置を講ずることを求めている。

著作権等管理事業法は，「著作権ニ関スル仲介業務ニ関スル法律（仲介業務法)」の改正によるものである。著作権等管理事業法は，仲介業務法の許可制による規制を大幅に緩和し，一定の条件を満たせば管理事業を行える「登録制」としている。使用料規程も，これまでの「認可制」から「届出制」に改めて，著作権管理事業への新規事業者の参入を容易にするとしている。

著作権等管理の著作権等とは，著作権と著作隣接権になる。それらは，著作権法の権利管理が対象とする著作物とその伝達行為における経済的権利になる。著作権等管理事業者が管理できる権利は，経済的権利（著作権，著作隣接権）である。人格的権利である著作者人格権と実演家人格権は，著作権等管理の対象外である。著作権法における経済的権利の出版権は，著作権等管理事業法では明記されていない。著作権等管理に関する不法行為は，著作権，著作隣接権の経済的権利の侵害として，差止請求，損害賠償請求と原状回復措置を請求することができる。今後，著作物がオンデマンドで提供される情報ネットワークとウェブ環境において，自動公衆送信が著作権等管理する対象となってこよう。また，電子書籍が情報ネットワークとウェブ環境で流通・利用されるとき，出版者の権利が著作隣接権とのかかわりの中で，再度，検討されることもあろう。

なお，著作権等管理事業法は，信託の法理に基づくものである。信託は，trustの日本語訳になる。信託は，英米法界で育まれてきた法理であり，大陸法界のパンデクテン体系，すなわち物権と債権を厳密に分けるものと異なる法理をとる。信託は，中世の英国において利用されていたユース（use）が始まりと，一般的にいわれている。ユースとは，ある人が自分または他の人の利益のために，信頼できる人にその財産を譲渡する制度をいう。やがて，時代の変遷を経て，近代的な信託制度へと発展し，人と人との信頼関係に基づくものであることから，信頼を意味するトラスト（trust）という言葉で呼ばれるようになる。そして，英国で生まれた信託制度は，米国に移植され今日に至っている。

著作者の権利や著作隣接権者の権利は，それら権利者自身が管理すべきものである。しかし，著作者は個人であることもあり，関連団体等が著作権等管理することに実効性が伴うことがある。それが著作権等管理事業者であり，著作権等管理事業とは，管理委託契約に基づき著作物等の利用の許諾その他の著作権等管理を行う行為であって，業として行う者をいう。この著作権等管理事業者とは，登録を受けて著作権等管理事業を行う者をいう。著作権等管理事業者による著作権等管理は，著作物，実演，レコード，放送および有線放送の利用を円滑にすることに寄与することにある。

著作権等管理契約には，信託・委託という文言が出てくる。信託は，特定の者が一定の目的に従い財産の管理または処分およびその他の当該目的の達成のために必要な行為をすべきものとすることをいう（信託法2条1項）。なお，委託は，法律行為または事実行為（事務）などを他人または他の機関に依頼することをいう。ただし，委託は民法に規定されておらず，寄託の規定がある。寄託は，当事者の一方が相手方のため

表8－1　著作権等管理事業者の例示

名　称	取り扱う著作物等の種類
一般社団法人 日本音楽著作権協会	音楽
一般社団法人 日本レコード協会	レコード
公益社団法人 日本複製権センター	言語，美術，図形，写真，音楽，舞踊または無言劇，プログラム，編集著作物
一般社団法人 学術著作権協会	言語，図形，写真，プログラム，編集著作物
株式会社 NexTone	音楽，レコード
一般社団法人 日本出版著作権協会	言語，写真，図形，美術
一般社団法人 出版者著作権管理機構	言語，美術，図形，写真，編集著作物
一般社団法人 日本テレビジョン放送著作権協会	映画，放送

に保管をすることを約して，ある物を受け取ることによって効力を生ずる契約になる（民法657条～666条）。

仲介業務法のもとで仲介業務を行う者は日本音楽著作権協会のみであったが，著作権等管理事業法のもとでは27著作権等管理事業者と準備中が2事業者（2022年7月1日現在）になっている（表8－1参照）。その中で，出版者著作権管理機構は，出版者の権利を指向した権利管理といえる。出版権の設定で出版物が発行される現状において，著作権者の複製権と公衆送信権等に基づいて著作権等管理することになる。

また，著作権法と著作権等管理事業法が交差することが生じる。一般社団法人情報処理学会の電子図書館で利用される電子ジャーナルは，著作権法のカテゴリーで著作者から学会に著作権の譲渡と著作者人格権の不行使特約によりなされる。その電子ジャーナルは，著作権等管理事業法のカテゴリーで学術著作権協会に信託譲渡され，複製に関しては日本複写権センターに委託される。それら著作権等管理事業者が相互に著作権等管理を行うことがある。また，音楽に関しては，著作権の譲渡による音楽出版者と著作物（音楽）の信託譲渡による著作権等管理事業者とが権利管理する。その関係は，著作権等管理事業者の株式会社イーライセンス（e-License）と株式会社ジャパン・ライツ・クリアランス（JRC）が事業合併し株式会社 NexTone となり，その筆頭株主が音楽出版社のエイベックス（avex）であることにも見られる。それら音楽出版社の著作権と関連権管理と著作権等管理事業者の著作権等管理が相互に権利管理を行うことがある。著作権法における著作権と関連権管理と著作権等管理事業法における著作権等管理は，情報処理学会と学術著作権協会とが直列に，エイベックスと NexTone とは並列にかかわりをもっている。

著作権法と著作権等管理事業法は，法理が異なる。さらに，コンテンツ基本法は，エンターテインメントコンテンツを主としており，著作権法の著作物とは，観点が異なる。我が国において，権利管理に関しては，三つの法理が共存することになる。権利管理が合理的になされるためには，それらの権利の関係は著作権法の中で説明されなければならない。

（３）産業技術力強化法による産業財産権の管理

国の委託等に係るコンテンツに係る知的財産権の取扱いの規定（コンテンツ基本法25条１項）は，いわゆる日本版バイ・ドール規定における研究開発物の権利の帰属に見られる（産業技術力強化法17条）。日本版バイ・ドール規定は，国の委託資金を原資として研究を行った場合に，その成果である発明に関する特許などの権利を，委託した国がもつのではなく，受託して実際に研究開発を行った者がもてるようにするという規定である。特許発明の産業化にあたっての特許権等の積極的な活用という観点は，産業技術力強化に関する日本版バイ・ドール規定における研究開発物の権利の帰属にも見られる。この規定は，1999年に産業活力再生特別措置法の中に設けられたが，これが定着してきたことを踏まえ，「特別措置法である産業活力再生特別措置法」から，恒久法である産業技術力強化法に移管している。本法は，技術移転機関（Technology Licensing Organization : TLO）から大学に権利が返還されることも想定している。

（４）信託業法による産業財産権の管理

信託制度による著作権等管理事業法のような法律は，産業財産権制度にはない。著作権等管理事業法の内容は信託業法に規定をもち，信託会社が特許権等を信託として引き受けることができることになる。信託業法は，1922年（大正11年）の制定以来，82年ぶりに全面改正され，2004年12月30日に改正信託業法が施行されている。信託業法は，信託業を営む者等に関し必要な事項を定め，信託に関する引受けその他の取引の公正を確保することにより，信託の委託者および受益者の保護を図ることによって国民経済の健全な発展に資することを目的とする法律である(同法１条)。信託業とは，信託の引受けを行う営業をいう（同法２条１項)。

これにより，受託可能財産の制限が撤廃され，特許権や著作権などの知的財産権についても受託することが可能になっている。これまで金融機関に限定されていた信託業の担い手が拡大され，金融機関以外も信託業に参入することができるようになる。特許権等が信託として譲渡されると，受託者は，特許権等を管理し，管理過程で生み出される利益を受益権として流通化を図ることができる。それによって，特許権等を利用した資金調達が行いやすくなる。なお，特許庁への移転登録が効力発生の要件であり，受託者は権利の名義人として特許権者になる。産業財産権（特許権・実用新案権・意匠権）の帰属と管理は，著作権と関連権の帰属と管理と同様に，物権と債権の観点と信託の観点との整合をとることと，人格権との関連からとらえる必要がある。

知的財産権の信託は，権利侵害からの保護，効率的な管理および資金調達のための手段として，知的財産権の信託財産を活用する制度である。信託業法４条３項１号の引受けを行う信託財産の種類に知的財産権が含まれ，知的財産権が信託譲渡され，信託会社が知的財産権を信託として引き受けることができる。知的財産権が信託として譲渡されると，受託者は，知的財産権を管理し，管理過程で生み出される利益を受益権として流通化を図ることができる。

4．秘密管理とセキュリティ管理

（1）不正競争防止法による秘密管理

知的財産が著作権法と産業財産権法で保護される前提条件としては，原則，公表または公開がある。それは，公表することによって，文化の発展や産業の発達に寄与するからである。そして，発明等の公開は，類似の発明等に無駄な開発費をかけることを防ぐことにもなる。しかし，知的財産は，オープン＆クローズ戦略のもとに知的財産権管理する対象である。公開が義務づけられる産業財産権法の中に，非公開を前提条件とする秘密特許や秘密意匠（意匠法14条）がある。また，クローズ面の知的財産権管理の対象として，営業秘密がある。

米国や英国，仏国，独国，韓国などでは，国家の安全保障にかかわる技術を非公開とする「秘密特許制度」が導入されている。米国では出願後に国家が国防に関する技術と認定した場合，「秘密特許」となり出願自体も秘匿とされる。これは，国防に関する技術情報との観点から非公表となる。我が国では，経済安全保障推進法に規定がある。そこには，産業情報の流出が産業競争力および安全保障上の大きな問題になっており，その防止の観点が背景にある。秘密特許は，公開を原則とする特許法の例外になる秘密管理の対象になる。そして，秘密意匠の規定の非公表の意味は，第三者の模倣を防止しようとする趣旨によるものであり，秘密特許の観点とはまったく異なる。また，不正競争防止法では，営業秘密が非公表のまま保護される対象になる。さらに，知的財産が営業秘密その他の事業活動に有用な技術上の情報であるとき，その権利は不正競争防止法で保護される。営業秘密の管理主体は事業者であり，秘密特許の管理主体は特許権者になる。それらは，経済安全保障管理とのかかわりも生じており，国の管理主体との連携が想定される。

(2) 知的財産のセキュリティ管理

知的財産は，企業間または国家間の観点からは，知的財産権管理と秘密管理とともに別な観点が必要になる。知的財産は共同で創作され，知的財産権管理は個人と企業間が複数国にまたがってくる。知的財産は，国家機密および軍事用とかかわりをもっている。サイバー攻撃による知的財産の漏えいまたは産業スパイ行為・スパイ行為は，企業秘密と国家機密および特定秘密の漏えいの関連でのサイバー攻撃の対応が必要になる。もし知的財産が企業秘密と国家機密および特定秘密として国家間の安全保障上の関係にあれば，それらの管理主体は国になる。しかし，国家機密の管理主体は，国という法的な根拠を有しえない。知的財産における安全保障管理は，国が直接に関与する法的な根拠が明確ではない。この法的な対応は，国に知的財産権の利用権の帰属または国に知的財産を日本国民共有の財産としての対応，それに基づく国の知的財産権の仮想的侵害の対応になろう。知的財産の産官学連携と国際共同研究開発を適正に進めるための法的な対応が，知的財産のデュアルユースを前提として，上記の知的財産権管理と秘密管理およびセキュリティ管理のシームレスな連携になる。それは，知的財産の経済安全保障管理とよびうる。

5．おわりに

コンテンツ（プログラム）は，公表される対象である著作物や発明の中に，非公表のソースコードのような営業秘密を含む知的財産の構造を有する。それは，著作物や発明，そして公表と非公表といった知的財産をカテゴライズして単純に対応づけるだけでは不十分であることを意味する。すなわち，それら知的財産間の相互および公表・非公表との相互の関係との整合性をとる必要がある。その関係は，プログラム自体からプログラムによってレンダリングされる対象やプログラムと一体化された形態に派生して知的財産法の全体に及ぶ。

そのようなプログラムの知的財産の構造と知的財産権の構造に対して，プログラムの情報ネットワークとウェブ環境における知的財産権管理の観点から，創作者の人格的権利と経済的権利が制限される。プログラムのソースコードの開示は，ソースコードに関する創作者の知的財産権の制限にかかわる。プログラムのソースコードの開示の問題の判断は，国家，企業がかかわりをもつことがあるが，経済的権利だけでなく人格的権利にかかわりをもつ。ここに，知的財産権の制限の対象となる創作者の権利の帰属を明確にしておく必要がある。

なお，プログラム自体が著作物および発明で保護されることから，著作権法と特許法との整合性をとった知的財産権管理の体系的なとらえ方が必要になる。特許法において経済的権利が潜在化した人格的権利と連携され，著作者の権利と発明者の権利との相互の対応関係が求められる。このとき，知的財産法における権利の単純化の観点からの知的財産権管理の検討が有効であろう。情報ネットワークとウェブ環境のプログラムは，コンテンツに求められる DRM に留まらずに，創作者の権利としての人格的権利と経済的権利が融合・連携した関係を考慮した総合的なデジタル環境の知的財産権管理が求められる。

我が国において，権利管理は，権利帰属と同様に，大陸法系のパンデクテン体系の著作権法と特許法および英米法系の信託法理による著作権等管理事業法と産業技術力強化法および信託業法が併存している。知的財産基本法とコンテンツ基本法は，信託の考え方に近い。知的財産権管理は，それらを総合した権利管理が求められる。

参考文献

(1)　児玉晴男『知財制度論』(放送大学教育振興会，2020年)
(2)　児玉晴男「わが国の著作権制度における権利管理」『情報管理』57巻 2 号（2014年）pp. 109-119
(3)　児玉晴男「ソフトウエアのデジタル権利管理」『パテント』67巻 7 号（2014年）pp. 64-69
(4)　児玉晴男「AI 技術開発における総合的な知財管理」『パテント』74巻 6 号（2021年）pp. 76-85

学習課題

1）著作権法と著作権等管理事業法およびコンテンツ基本法の権利管理の違いを調べてみよう。
2）著作権等管理事業者を調べ，管理委託契約約款と使用料規程を調べてみよう。
3）信託業法の知的財産権管理について調べてみよう。

9 デジタル社会の形成の推進

《学習の目標》 デジタル社会の実現に向けた重点計画が進められている。そのための基本法が施行されている。本章は，デジタル社会の形成を推進するためのデジタル社会形成基本法および官民データ活用推進基本法について概観する。

《キーワード》 デジタル社会，デジタル社会推進会議，デジタル社会の形成に関する重点計画，デジタル社会形成基本法，官民データ活用推進基本法

1．はじめに

1995年2月21日に「高度情報通信社会に向けた基本方針」が高度情報通信社会推進本部によって決定されている。高度情報通信社会推進本部は1994年8月2日に内閣に設置され，2000年7月7日に情報通信技術（IT）戦略本部が内閣に設置され，IT 戦略会議が置かれている。そして，2000年11月27日に IT 基本戦略が決定され，11月29日に高度情報通信ネットワーク社会形成基本法（IT 基本法）が成立する。2001年1月6日に高度情報通信ネットワーク社会推進戦略本部（IT 総合戦略本部）が内閣に設置される。

そして，2016年12月7日に，国・自治体・民間企業が保有するビッグデータ活用を促す官民データ活用推進基本法が成立している。IT 戦略本部によって「世界最先端 IT 国家創造宣言」（2013年6月14日・閣議決定，2014年6月24日，2015年6月30日，2016年5月20日に変更）が3度の改訂がなされ，官民データ活用推進基本法の施行後に「世界最先端

IT国家創造宣言・官民データ活用推進基本計画」（2017年5月30日・閣議決定，2018年6月15日，2019年6月14日，2020年7月17日に変更）が3度の改訂を経て，2021年9月1日にデジタル社会形成基本法が施行され，IT基本法が廃止され，「デジタル社会の実現に向けた重点計画」（2021年6月15日）が公表され，IT社会の形成の推進からデジタル社会の形成の推進へ移行している。

デジタル社会形成基本法およびデジタル庁設置法の施行に伴い，IT基本法を根拠に内閣に設置されていたIT総合戦略本部は廃止され，デジタル社会推進会議が設置されている。本章は，IT社会の形成の推進からデジタル社会の形成の推進への経緯と，デジタル社会の形成に関する施策を迅速かつ重点的に推進するためのデジタル社会形成基本法および官民データ活用推進基本法について概観する。

2. IT社会の形成の推進からデジタル社会の形成の推進へ

IT社会の形成の推進では，e-Japan戦略，IT新改革戦略などがあり，さらに世界最先端IT国家創造宣言および世界最先端IT国家創造宣言・官民データ活用推進基本計画がある。そして，それらを継受して，デジタル社会の形成の推進になり，デジタル社会の実現に向けた重点計画が公表されている。

（1）世界最先端IT国家創造宣言

ITは力強い経済成長をはじめ，社会課題の解決を実現するための鍵である。政府は「世界最先端IT国家創造宣言」（2013年6月14日・閣議決定，2014年6月24日変更，2015年6月30日変更，2016年5月20日変更）を策定している。政府CIOが司令塔となり，縦割りを打破して横串調整を行い，機敏かつ適切なPDCAサイクル[1]の推進により，スパイラルアップを目指している。

そして，「世界最先端IT国家創造宣言」(2016年5月20日改訂) に基づく取組みは，国や地方で着実に出ている成果を「国から地方へ」,「地方から全国へ」と横展開することにより,「一億総活躍」等，安全・安心・快適な国民生活の実現を目指している。2020年までを「集中取組み期間」とし，重点項目を中心にサイバーセキュリティ戦略とも連携して展開するとしている。創造宣言の基本理念は，サイバーセキュリティに関する対策の拡充，サイバー攻撃への対処能力の向上，これらを推進するための取組み体制の強化等を図り,「サイバーセキュリティ立国」を実現することにある。それは，世界最高水準のIT利活用社会の実現に向けて拡大・発展するサイバー空間を取り巻くリスクが急速に深刻化する中，世界最高水準のIT利活用社会の実現を通じた成長戦略および国家の安全保障・危機管理を確固たるものとするためである。

(2) 世界最先端IT国家創造宣言・官民データ活用推進基本計画

「世界最先端IT国家創造宣言・官民データ活用推進基本計画」(2017年5月30日・閣議決定，2018年6月15日変更，2019年6月14日変更) では，IT戦略の新たなフェーズに向けてとして,「データ」がヒトを豊かにする社会の実現，ITを活用した社会システムの抜本改革，超高速ネットワークインフラ整備からIT利活用といった観点にある。官民データ活用推進基本計画に基づき重点的に講ずべき主な施策は，オンライン化原則，業務の見直し (Business Process Re-engineering：BPR) を踏まえたシステム改革，オープンデータの促進，データ利活用のルール整備，データ連携のためのプラットフォーム整備，マイナンバーカードの普及・活用，デジタルデバイドの対策または研究開発等と関連づけて

1　PDCAサイクルとは，Plan (計画)，Do (実行)，Check (評価)，Action (改善) の頭文字をとったもので，1950年代，ウィリアム・エドワーズ・デミング (William Edwards Deming) が提唱したフレームワークである。

進められる。

「世界最先端IT国家創造宣言・官民データ活用推進基本計画」（2020年7月17日変更）では，新型コロナウイルス感染拡大の阻止，デジタル強靱化社会の実現とデジタル技術の社会実装およびデータ利活用によるインクルーシブな社会の実現ならびに社会基盤の整備がある。従来の世界最先端デジタル国家創造宣言に新型コロナウイルス感染拡大の阻止が新たに加えられ，情報通信技術を活用した新型コロナウイルス感染症対策に係る取組み，デジタル強靱化を実現するための基本的な考え方，働き方改革（テレワーク），学び改革（オンライン教育），くらし改革，防災×テクノロジーによる災害対応，社会基盤の整備，規制のリデザインが掲げられている。また，官民データ活用推進基本計画に基づく施策の推進として，官民データ活用の推進に関する施策についての基本的な方針では基本計画の策定とその着実な実施と分野横断的なデータ連携を見据えつつの重点分野の指定および官民データ活用による「エビデンスに基づく政策立案（Evidence-Based Policy Making：EBPM）」の推進があり，推進体制では基本計画のPDCA，関係本部等との連携，地方公共団体との連携・協力，事業者等との連携・協力がある。

（3）デジタル社会の形成の推進政策

「デジタル社会の実現に向けた重点計画」では，デジタル化はあくまでも手段であり，その目的は我が国経済の持続的かつ健全な発展と国民の幸福な生活の実現にある。そして，本重点計画は，デジタル改革が目指す究極の姿は「デジタルを意識しないデジタル社会」・徹底した国民目線で行政サービスを刷新すること等により，誰もがデジタルの恩恵を受けることのできる社会や，地方においてもデジタルによる恩恵が受けられる社会に向けられている。さらに，本重点計画は，自然災害や感染症等に際しての強靱性の確保や，少子高齢化等の社会的な課題への対応のためにも，国，地方公共団体，民間事業者その他の関係者が一丸となって取り組み，国民目線でサービス向上に資する取組みをできるものから順次積極的に実践していくものである。

デジタル庁が目指す姿であるデジタル社会の形成に向けたトータルデザインとして，徹底したUI[2]・UX[3]の改善と国民向けサービスの実現とデジタル社会に必要な共通機能の整備・普及および包括的データ戦略を掲げる。そして，これらを効果的に実施するために，官民を挙げた人材の確保・育成と新技術を活用するための調達・規制の改革，国民の利便性向上の前提としてのアクセシビリティの確保と安全・安心を確保していくことがある。さらに，それらを実効性あるものにするために，研究開発・実証の推進と計画の検証・評価を行っていくことが挙げられる。

徹底したUI・UXの改善と国民向けサービスの実現では，公共フロントサービスを提供し，オープンデータを推進し，情報システム整備方針の策定と一元的なプロジェクト管理の実施をすることなどがある。デジタル社会の共通機能の整備・普及では，マイナンバーカードを普及させ，マイナンバー等の利活用を促進し，ガバメントクラウド，ガバメントネットワーク等のインフラを整備し，地方公共団体の基幹業務等システムの統一・標準化を図り，データセンターの最適化の実現を図る。包括的データ戦略では，基盤となるデータ（ベース・レジストリ等）を整備し，トラストを担保する基盤を確保して，「信頼性のある自由なデータ流通（Data Free Flow with Trust：DFFT）」を推進する。官民を挙げた人材の確保・育成とはデジタルリテラシーの向上と専門人材の育成・確保であり，新技術を活用するための調達・規制の改革とは新技術

2　UIとは，ユーザインタフェース（User Interface）の略称であり，一般的にユーザ（利用者）と製品やサービスとのインタフェース（接点）すべてのことをいう。

3　UXは，ユーザエクスペリエンス（User eXperience）の略称であり，ユーザが一つの製品・サービスを通じて得られる体験をいう。

の活用のための調達方法の検討と規制改革である。アクセシビリティの確保とは，情報通信ネットワークの整備を支援し，情報バリアフリー環境を実現し，情報通信機器等に関する相談体制を充実することなどである。そして，安全・安心の確保とは，サイバーセキュリティの確保と個人情報の保護などである。

2022年6月7日に閣議決定された2022年度版「重点計画」は，前回と理念や原則に変わりはなく，前回と同様の構成になっている。ただし，「アナログ規制」の一掃に向けた取組みが，5章「デジタル化の基本戦略」の「デジタル社会の実現に向けた構造改革」の項に「デジタル原則を踏まえた規制の横断的見直し」として盛り込まれている。また，6章「デジタル社会の実現に向けた施策」の「国民に対する行政サービスのデジタル化」の項で，「マイナンバー制度の利活用の推進」，「マイナンバーカードの普及及び利用の推進」として施策の展開が図られている。

3. デジタル社会形成基本法

デジタル社会形成基本法は，総則，基本理念，国，地方公共団体および事業者の責務等，施策の策定に係る基本方針，デジタル庁，デジタル社会の形成に関する重点計画からなる（図9－1参照）。

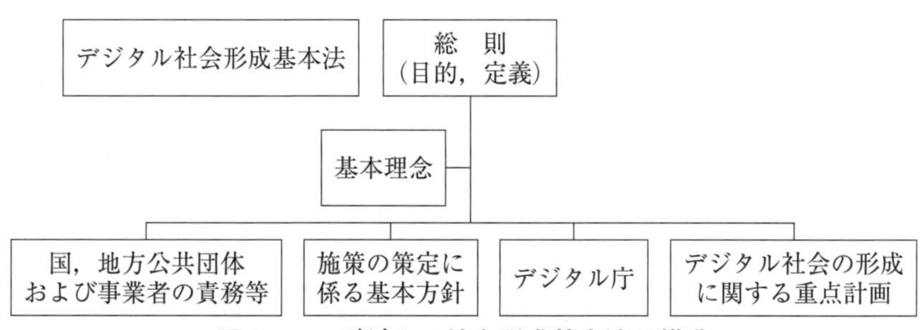

図9－1　デジタル社会形成基本法の構造

(1) 総　則

デジタル社会形成基本法は，デジタル社会の形成に関する施策を迅速かつ重点的に推進し，我が国経済の持続的かつ健全な発展と国民の幸福な生活の実現に寄与することを目的とする法律である（同法１条）。本法は，デジタル社会の形成に関し，基本理念および施策の策定に係る基本方針を定め，国，地方公共団体および事業者の責務を明らかにし，ならびにデジタル庁の設置およびデジタル社会の形成に関する重点計画の作成について定めている。本法では，デジタル社会の形成が，我が国の国際競争力の強化および国民の利便性の向上に資するとともに，急速な少子高齢化の進展への対応その他の我が国が直面する課題を解決するうえで極めて重要であるとの認識に立つ。

デジタル社会とは，インターネットその他の高度情報通信ネットワークを通じて自由かつ安全に多様な情報または知識を世界的規模で入手し，共有し，または発信するとともに，人工知能関連技術（官民データ活用推進基本法２条２項），インターネット・オブ・シングス活用関連技術（同法２条３項），クラウド・コンピューティング・サービス関連技術（同法２条４項）による大量の情報の処理を可能とする情報通信技術を用いた情報の活用により，あらゆる分野における創造的かつ活力ある発展が可能となる社会をいう（デジタル社会形成基本法２条）。

(2) 基本理念

基本理念では，すべての国民が情報通信技術の恵沢を享受できる社会の実現，経済構造改革の推進および産業国際競争力の強化，ゆとりと豊かさを実感できる国民生活の実現，活力ある地域社会の実現等，国民が安全で安心して暮らせる社会の実現，利用の機会等の格差の是正，国および地方公共団体と民間との役割分担，個人および法人の権利利益の保護等，情報通信技術の進展への対応，社会経済構造の変化に伴う新たな課題への対応が掲げられている（デジタル社会形成基本法3条～12条）。

(3) 国，地方公共団体および事業者の責務等

デジタル社会の形成についての基本理念にのっとり，デジタル社会の形成に関する施策を策定し実施するために，国の責務（デジタル社会形成基本法13条）と地方公共団体の責務（同法14条）として適切な役割分担を踏まえて，またデジタル社会の形成に関する施策が迅速かつ重点的に実施されるように相互の連携が図られるものとする（同法15条）。そして，事業者の責務として，事業者は，デジタル社会の形成の推進に努めるとともに，国または地方公共団体が実施するデジタル社会の形成に関する施策に協力するよう努めるものとする（同法16条）。そのために，政府は，デジタル社会の形成に関する施策を実施するため必要な法制上または財政上の措置その他の措置を講じ（同法17条），デジタル社会に関する統計その他のデジタル社会の形成に資する資料を作成し，インターネットの利用その他適切な方法により随時公表しなければならない（同法18条）。デジタル社会の形成に関する施策の策定および実施にあたっては，広報活動等を通じてデジタル社会の形成に関する国民の理解を深めるとともに，広く国民の意見が反映されるよう，必要な措置が講じられるものとする（同法19条）。

(4) 施策の策定に係る基本方針

デジタル社会の形成に関する施策は，高度情報通信ネットワークの拡充，多様な主体による情報の円滑な流通の確保，多様な主体が利用しうる情報の充実ならびに高度情報通信ネットワークの利用および情報通信

技術を用いた情報の活用に係る機会の確保および必要な能力の習得が不可欠であり，それらは相互に密接な関連を有することにかんがみて，これらが一体的に推進されるものとする（デジタル社会形成基本法20条）。そのために，世界最高水準の高度情報通信ネットワークの形成（同法21条）と多様な主体による情報の円滑な流通の確保（同法22条）および高度情報通信ネットワークの利用と情報通信技術を用いた情報の活用の機会の確保を図るために必要な措置（同法23条）を講じるとする。そのための教育および学習の振興（同法24条）とデジタル社会の発展を担う専門的な知識または技術を有する創造的な人材を育成するために必要な措置（同法25条）も講じられなければならない。また，個人情報の有用性および保護の必要性を踏まえた規制の見直し，知的財産権の適正な保護および利用など高度情報通信ネットワークの利用および情報通信技術を用いた情報の活用による経済活動の促進を図るために必要な措置が講じられることが指向される（同法26条）。そして，事業者の経営の効率化，事業の高度化および生産性の向上が講じられ（同法27条），生活の利便性の向上，生活様式の多様化の促進および消費者の主体的かつ合理的選択の機会の拡大を図るために，必要な措置が講じられなければならないとする（同法28条）。また，国および地方公共団体の情報システムの共同化または集約の推進，個人番号の利用の範囲の拡大その他の国および地方公共団体における高度情報通信ネットワークの利用および情報通信技術を用いた情報の活用を積極的に推進するために必要な措置が講じられなければならない（同法29条）。さらに講じられるものとして，国民による国および地方公共団体が保有する情報の活用に必要な措置（同法30条）と，そのための公的基礎情報データベースを整備するとともに，その利用を促進するために必要な措置（同法31条）がある。そのために，公共分野におけるサービスの多様化および質の向上のために必要な措置を講じるとする（同法32条）。そこでは，サイバーセキュリティ基本法２条に規定するサイバーセキュリティの確保，情報通信技術を用いた犯罪の防止，情報通信技術を用いた本人確認の信頼性の確保，情報の改変の防止，高度情報通信ネットワークの災害対策，個人情報の保護等の国民が安心して高度情報通信ネットワークの利用および情報通信技術を用いた情報の活用を行うことができるようにするために必要な措置が講じられることが指向される（デジタル社会形成基本法33条）。そして，国際的な規格，規範等の整備に向けた主体的な参画，調査および研究開発の推進のための国際的な連携および開発途上地域に対する技術協力等の措置（同法34条），それに関して，国，地方公共団体，国立研究開発法人，大学，事業者等の相互の密接な連携のもとに，創造性のある研究開発および当該情報通信技術の有効性の実証が推進されるよう必要な措置が講じられなければならないとする（同法35条）。

（５）デジタル庁

デジタル社会の形成に関する行政事務の迅速かつ重点的な遂行を図るため，内閣にデジタル庁が置かれる（デジタル社会形成基本法36条）。なお，デジタル庁設置法によって，デジタル庁の設置ならびに任務およびこれを達成するため必要となる明確な範囲の所掌事務が定められ，その所掌する行政事務を能率的に遂行するため必要な組織に関する事項が定められている。

（６）デジタル社会の形成に関する重点計画

政府は，デジタル社会の形成に関する重点計画を作成しなければならない（デジタル社会形成基本法37条１項）。この重点計画は，政府が迅速かつ重点的に実施すべき施策に関して，デジタル社会の形成のための基本的な方針，世界最高水準の高度情報通信ネットワークの形成の促進に関する施策，多様な主体による情報の円滑な流通の確保に関する施策，高度情報通信ネットワークの利用および情報通信技術を用いた情報の活用の機会の確保に関する施策，教育および学習の振興に関する施策，人材の育成に関する施策，経済活動の促進に関する施策，事業者の経営の効率化，事業の高度化および生産性の向上に関する施策，生活の利便性の向上等に関する施策，国および地方公共団体の情報システムの共同化等に関する施策，国民による国および地方公共団体が保有する情報の活用に関する施策，公的基礎情報データベースの整備等に関する施策，特定公共分野におけるサービスの多様化および質の向上に関する施策，サイバーセキュリティの確保等に関する施策のほか，デジタル社会の形成に関する施策を政府が迅速かつ重点的に推進するために必要な事項がある（同法37条2項）。

IT社会の形成の推進からデジタル社会の形成の推進へという中で，IT社会とデジタル社会が高度情報通信ネットワークの形成にあることから本質的に違いが見いだせない。IT社会とデジタル社会とも，IT社会とデジタル社会はサイバー空間（仮想空間）とフィジカル空間（現実空間）を高度に融合させたシステムにより形成される社会ととらえればよいだろう。

4．官民データ活用推進基本法

官民データ活用推進基本法は，総則，官民データ活用推進基本計画等，基本的施策からなる（図9－2参照）。

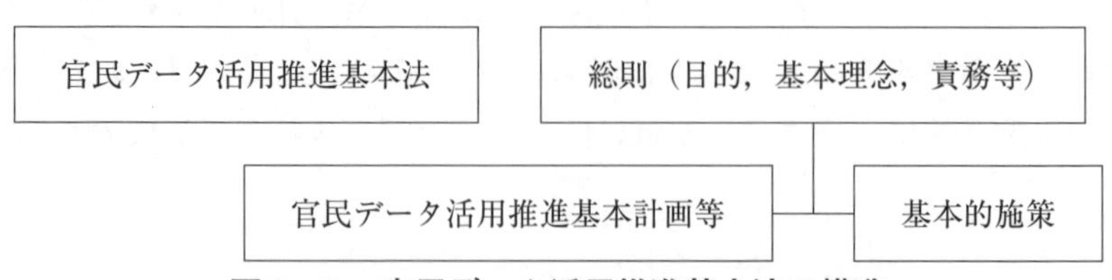

図9－2　官民データ活用推進基本法の構造

（1）総　則

官民データ活用推進基本法は，官民データ活用の推進に関する施策を総合的かつ効果的に推進し，国民が安全で安心して暮らせる社会および快適な生活環境の実現に寄与することを目的とする（同法１条）。官民データとは，電磁的記録に記録された情報であって，国もしくは地方公共団体または独立行政法人もしくはその他の事業者により，その事務または事業の遂行にあたり管理され，利用され，または提供されるものをいう（同法２条１項）。電磁的記録とは，電子的方式，磁気的方式その他人の知覚によっては認識することができない方式で作られる記録をいう。また，本法の情報では，国の安全を損ない，公の秩序の維持を妨げ，または公衆の安全の保護に支障を来すことになるおそれがあるものは除かれる。

官民データ活用の推進は，デジタル社会形成基本法，サイバーセキュリティ基本法，個人情報保護法，マイナンバー法等による施策と相まって，情報の円滑な流通の確保を図るものとする（官民データ活用推進基本法３条１項）。そして，官民データ活用の推進は，自立的で個性豊かな地域社会の形成，新事業の創出，国際競争力の強化等を図り，活力ある日本社会の実現に寄与し（同法３条２項），官民データ活用により得られた情報を根拠とする施策の企画および立案により効果的かつ効率的な行政の推進に資するように行われるとする（同法３条３項）。官民データ活用の推進にあたっては，安全性および信頼性の確保，国民の権利利益，国の安全等が害されないようにすること（同法３条４項），国民の利便性の向上に資する分野および当該分野以外の行政分野での情報通信技術のさらなる活用の促進が図られること（同法３条５項），国民の権利利益を保護しつつ官民データの適正な活用を図るための基盤整備（同法３条６項）と多様な主体の連携を確保するため，規格の整備，互換性の確保等の基盤整備（同法３条７項）がなされなければならない。また，官民データ活用の推進にあたっては，人工知能（AI），モノのインターネット（Internet of Things：IoT），クラウド等の先端技術の活用が促進されなければならない（同法３条８項）。そのための国，地方公共団体および事業者の責務（同法４条～６条）ならびに法制上の措置等（同法７条）が規定されている。

（２）官民データ活用推進基本計画等

政府は，官民データ活用推進基本計画を策定しなければならない（官民データ活用推進基本法８条１項）。官民データ活用推進基本計画に即して，都道府県は都道府県官民データ活用推進計画を策定し（同法９条１項），市町村は市町村官民データ活用推進計画の策定に努める（同法９条３項）。

（３）基本的施策

国は，行政手続きに係るオンライン利用の原則化に関して必要な措置を講じ，民間事業者等の手続きに係るオンライン利用の促進に必要な措置を講ずるとする（官民データ活用推進基本法10条１項）。そして，国および地方公共団体は，自ら保有する官民データが容易に利用できるように，必要な措置を講ずるものとする（同法11条１項）。さらに，事業者は，自ら保有する官民データが容易に利用できるように，必要な措置を講ずるよう努めるものとする（同法11条２項）。ただし，官民データの容易な利用等は，個人および法人の権利利益，国の安全等が害されることのないようにしなければならない。また，国は，官民データ活用を推進するため，コンテンツ流通円滑化に関連する制度の見直しその他の必要な措置を講ずるとする（同法11条３項）。

そして，国は，官民データの円滑な流通を促進するため，データ流通における個人の関与のしくみの構築等に必要な措置（同法12条），そして個人番号カード（マイナンバーカード）の普及および活用に関する計画の策定等を講ずるとする（同法13条１項）。また，国は，地理的な制約，年齢その他の要因に基づく情報通信技術の利用機会または活用に係る格差の是正を図るため，必要な措置を講ずるとする（同法14条）。

その他に，情報システムに係る規格の整備，互換性の確保，業務の見直し，官民の情報システムの連携を図るための基盤の整備（サービスプラットフォーム）（同法15条），研究開発の推進等（同法16条），人材の育成および確保（同法17条），教育および学習振興，普及啓発等（同法18条）に必要な措置を講ずるとする。なお，国は，国の施策と地方公共団体の施策との整合性の確保等に必要な措置を講ずるものとする（同法19条）。

なお，IT 総合戦略本部に設置される官民データ活用推進戦略会議に関して規定する条項が削除され，官民データ活用推進基本計画はデジタル社会推進会議が担うことになる。IT 社会の形成の推進からデジタル社会の形成の推進へといっても，これまでの施策に大きな違いがない中で，IT 基本法が廃止されたことによる影響は，官民データ活用推進基本法とデジタル社会形成基本法との整合に欠ける点が散見される。

5．おわりに

IT 重点計画を進めるうえの基本法として，IT 基本法と官民データ活用推進基本法およびサイバーセキュリティ基本法があり，その関係は，デジタル社会の実現に向けた重点計画を進めるうえで IT 基本法が廃止され，デジタル社会形成基本法が施行されることになる。なお，IT 重点計画からデジタル社会の実現に向けた重点計画へ移行し，IT 基本法からデジタル社会形成基本法へ移行したことにより，デジタル社会の形成の推進にかかわる規定がパッチワーク化している。

デジタル社会の実現に向けた重点計画は，知的財産の創造・保護・活用の推進およびコンテンツ振興が含まれ，デジタル社会の実現においてセキュリティ政策がかかわりをもっている。それは，情報通信基盤の整備，コンテンツ・知的財産保護，プライバシー保護，セキュリティ確保，そして情報通信基盤の整備へというサイクルの中で進められている。それらの対策は，情報通信技術の進展と法整備との関係になる。

デジタル社会形成基本法と官民データ活用推進基本法に関連する法律は，情報環境の多様な形態とそのシームレスな関係の中で，各国で個別に対応する法律によって，保護され，規制され，さらに境界領域を形成している。そして，情報法は，デジタル社会形成基本法・サイバーセキュリティ基本法・官民データ活用推進基本法をもとに体系化すると，各個別法が相反と協調の関係にある（図 9－3 参照）。それら基本法は，知的財産基本法とコンテンツ基本法とかかわりをもち，情報法と知的財

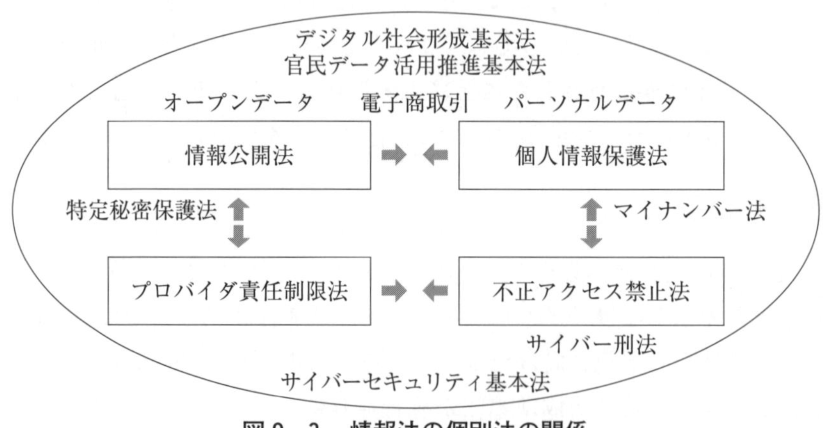

図 9－3　情報法の個別法の関係

産法および著作権法はネットワーク化する。それらの関係から，情報法は体系化されていくだろう。

参考資料

(1)　児玉晴男「統合イノベーション制度研究（'21)」(放送大学オンライン授業)
(2)「デジタル社会の実現に向けた重点計画」
https://www.digital.go.jp/policies/priority-policy-program/
(3)　デジタル庁
https://www.digital.go.jp/
(4)「デジタル社会推進会議」
https://www.digital.go.jp/councils

学習課題

1）IT 重点計画からデジタル社会の実現に向けた重点計画への変遷について調べてみよう。
2）IT 基本法からデジタル社会形成基本法への流れについて調べてみよう。
3）デジタル社会の実現に向けた重点計画とデジタル社会形成基本法・官民データ活用推進基本法とのかかわりについて調べてみよう。

10 情報公開と個人情報保護

《学習の目標》 情報ネットワークとウェブ環境では，情報の自由な流れとプライバシー保護との相反する価値が共存する。その関係は，知る権利に対する名誉や信用の保護の関係になる。本章は，情報公開法と個人情報保護法などを概観する。

《キーワード》 開示情報，不開示情報，個人情報，情報公開法，個人情報保護法，特定秘密保護法，マイナンバー法

1. はじめに

情報ネットワークとウェブ環境では，情報の自由な流れを促進する施策が進められている。それが行政情報化や官民データ活用の推進であり，知る権利とかかわりをもつ。しかし，行政情報のすべてが公開されるのではなく，開示されない情報がある。その不開示情報の中に個人情報があり，行政情報には知る権利とプライバシー権との相反する価値が共存する。それが知る権利に対する名誉や信用の保護のための規範の関係になる。

情報の自由な流れとプライバシー保護との相反する価値は，ビッグデータの利活用による新たな価値の創造においても見られる。情報ネットワークとウェブ環境では，Google および Android プラットフォームやセンサーやスマートフォンからの逐次データが収集されている。ビッグデータを分析し総合することによって，そこに規則性を見いだしたり，有用なデータ・情報・知識を発見したりすることが期待される。そ

こでは，個人情報の活用も求められている。

情報公開法における不開示情報の明確化は，特定秘密の明確化と同様に知る権利を顕在化させる。そして，個人情報とマイナンバーは，ネット環境のプライバシー権・人格権の保護を確保し，情報の自由な流れを促進することに資する関係になる。マイナンバーは，個人の情報が紐づけされている番号である。本章は，情報公開法と個人情報保護法および「特定秘密の保護に関する法律（特定秘密保護法）」と「行政手続における特定の個人を識別するための番号の利用等に関する法律（マイナンバー法）」を概観する。

2. 情報公開法

情報公開は，情報の受け手が情報の保持者に向けて情報の提供を要求する知る権利（right to know）に対応する。そして，何人も開示請求が可能であり，開示請求があった場合は，不開示情報が記録されている場合を除いて，原則として開示しなければならない。不開示情報とは，個人情報，法人情報，国家安全情報，治安維持情報，審議・検討情報，行政運営情報である。

情報公開制度は，「行政機関の保有する情報の公開に関する法律（行政機関情報公開法）」，「独立行政法人等の保有する情報の公開に関する法律（独立行政法人等情報公開法）」，情報公開条例からなっている。行政機関である国，独立行政法人等の説明責任（accountability）として，情報公開を行うものである。

（1）行政文書の開示と法人文書の開示

行政機関の長に対し，何人も，その行政機関の保有する行政文書の開示の請求（開示請求権）ができる（行政機関情報公開法3条）。行政文書の開示義務に関しては，行政機関の長は，開示請求があったときは，開示請求者に対し，不開示情報を除いて，その行政文書を開示しなければならない（同法５条)。行政機関とは，法律の規定に基づき内閣に置かれる機関および内閣の所轄のもとに置かれる機関等，会計検査院を含む（同法２条１項)。行政文書は，行政機関の職員が職務上作成し，または取得した文書，図画および電磁的記録であって，行政機関の職員が組織的に用いるものとして，行政機関が保有しているものをいう（同法２条２項)。電磁的記録は，電子的方式，磁気的方式その他人の知覚によっては認識することができない方式で作られた記録をいう。

そして，独立行政法人等に対し，何人も，その独立行政法人等の保有する法人文書の開示の請求（開示請求権）ができる（独立行政法人等情報公開法３条)。法人文書の開示義務に関しては，独立行政法人等は，開示請求があったときは，開示請求者に対し，不開示情報を除き，その法人文書を開示しなければならない（同法５条)。独立行政法人等とは，独立行政法人通則法２条１項に規定される87法人（2022年４月１日現在）である。法人文書は，独立行政法人等の役員または職員が職務上作成し，または取得した文書，図画および電磁的記録であって，その独立行政法人等の役員または職員が組織的に用いるものとして，その独立行政法人等が保有しているものをいう（独立行政法人等情報公開法２条２項)。

なお，情報公開する必要のないものがある。すでに公開されている情報，情報の開示の判断とは別に記録される媒体の制約によるものを除くことになる。不特定多数の者に販売することを目的として発行されるものは，改めて情報公開する必要性はない。発行物としては，官報，白書，新聞，雑誌，書籍などが例示されている。また，歴史的もしくは文化的な資料または学術研究用の資料として公文書館等の機関において特別の管理がされているものは除かれる。希少な資料として保存されるものを通しての公開は，別な媒体で開示と不開示を判断する余地がある。そして，行政文書と同様に，不特定多数の者に販売することを目的として発行されるもの，政令で定める公文書館その他の施設において特別の管理に置かれている資料は除かれる。また，主として独立行政法人等の業務に係るものとして，業務以外の業務に係るものと区分されるものは除かれる。

（2）開示情報と不開示情報との関係

行政機関の長または独立行政法人等は，開示請求に係る行政文書または法人文書の一部に不開示情報が記録されている場合においても，開示される場合がある。不開示情報が記録されている部分が容易に区分されて除くことができるときは，開示請求者に対して，その部分を除いた部分について開示しなければならない（行政機関情報公開法6条1項，独立行政法人等情報公開法6条1項）。

そして，個人情報が記録されている場合においても，開示できる情報がある。その情報のうち，氏名，生年月日その他の特定の個人を識別することができることとなる記述等の部分を除くことにより，公にしても，個人の権利利益が害されるおそれがないと認められるときは，その部分を除いた部分は，開示しなければならない（行政機関情報公開法6条2項，独立行政法人等情報公開法6条2項）。それは，開示情報と不開示情報を明確にし，できるだけ開示するためである。それら部分開示は，開示情報と不開示情報とが単純に分けえないことを意味する。開示情報の中に不開示情報が含まれ，逆に不開示情報の中には開示しうる情報を含む相補の関係になる（図10－1参照）。

行政機関の長または独立行政法人等は，開示請求に係る行政文書また

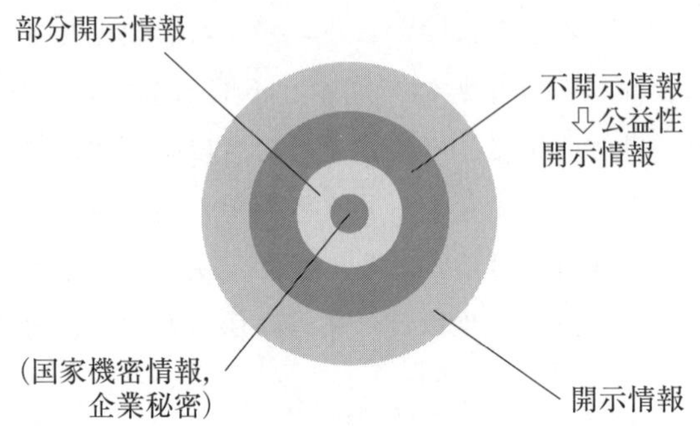

図10－1　開示情報と不開示情報の構造

は法人文書に不開示情報が記録されている場合であっても，公益上特に必要があると認めるときは，開示請求者に対し，その行政文書または法人文書を開示することができる（行政機関情報公開法7条，独立行政法人等情報公開法7条）。すなわち，情報の開示と不開示とが反転する。さらに，付言すれば，緊急時において情報の開示と不開示との判断が求められる場合，行政機関情報公開法および独立行政法人等情報公開法等の枠外も含めた情報公開の在り方の中で，それらが連携し総合化された情報の開示と不開示に関する制度デザインが必要になろう。

(3) 不開示情報の構造

公的機関が収集し保管する行政文書と法人文書には，不開示情報の個人情報，法人情報，国家安全情報，治安維持情報，審議・検討情報，行政運営情報が含まれる（行政機関情報公開法5条，独立行政法人等情報公開法5条）。不開示情報は，秘密性・機密性のある情報になる。

個人情報は，個人に関する情報であって，当該情報に含まれる氏名，生年月日その他の記述等（文書，図画，電磁的記録に記載され，記録され，音声，動作その他の方法を用いて表された一切の事項）により特定の個人を識別することができるものまたは特定の個人を識別することはできないが，公にすることにより，なお個人の権利利益を害するおそれがあるものをいう。識別することができるものには，他の情報と照合することにより，特定の個人を識別することができることとなるものを含む。すなわち，個人情報は，個人に関する情報全般を意味する。そして，個人の属性，人格や私生活に関する情報に限らず，個人の知的創造物に関する情報，組織体の構成員としての個人の活動に関する情報，さらに映像や音声も個人情報に含まれる。個人情報は，プライバシー権という人格的価値だけでなく，情報ネットワークとウェブ環境における顧客情報の漏えいに見られるように，経済的価値の面でもとらえることができる。

法人情報は，公にすることにより，その法人等またはその個人の権利，競争上の地位その他正当な利益を害するおそれがあるものは公開されない。その法人情報として，第三者が著作権を有する著作物や，営業秘密である場合が想定される。ソフトウェアも対象記録に含まれるかについては議論があるが，情報公開にあたってのソフトウェア等の公開は認めうる。発明であるソフトウェアが，法人情報に含まれることも想定できる。さらに，ソフトウェアはソースコードという営業秘密を内包する。法人情報にソフトウェアが含まれるのであれば，プログラムの著作物や物の発明としてのコンピュータ・ソフトウェアの中に営業秘密が含まれる。

なお，不開示情報の各々は明確に区分けされるわけではなく，個人情報は法人情報に含まれまたは関連づけられ，その形態の情報は国家安全情報，治安維持情報，審議・検討情報，行政運営情報にそれぞれ含まれまたは関連づけられることがあり，不開示情報は包含または相関関係にあるといえる。国家安全情報，治安維持情報，審議・検討情報，行政運営情報は，個人情報と法人情報のような情報自体の構造が想定しにくい。ただし，不開示情報の相互の関係から，構造化が推論できる。それは，法人情報に個人情報を含み，国家安全情報に治安維持情報，審議・検討情報，行政運営情報を含み，治安維持情報，審議・検討情報，行政運営情報が含まれた国家安全情報において個人情報が含まれた法人情報が内包される入れ子になる。そして，その入れ子の状態の情報は，情報公開法で定義される情報の性質とともに，知的財産法の知的財産の構造を有している（図10－2参照）。

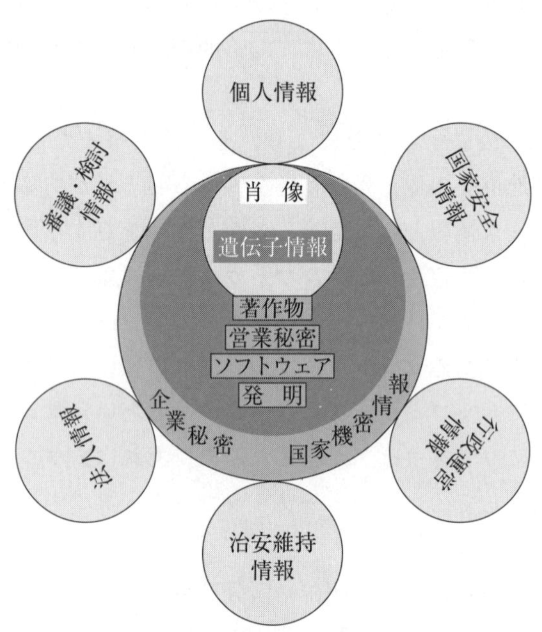

図10－2　不開示情報と知的財産との関係

3．個人情報保護法

デジタル社会形成基本法に基づきデジタル社会の形成に関する施策を実施するための「個人情報の保護に関する法律（個人情報保護法）」の整備が図られている[1]。

（1）個人情報

個人情報保護法は，デジタル社会の進展に伴い個人情報の利用が著しく拡大していることを考慮して，個人情報の有用性に配慮しつつ，個人の権利利益を保護することを目的とする（同法1条）。個人情報は，生存する個人に関する情報，すなわち識別可能情報である[2]（同法2条1項）。個人情報データベース等は個人情報を含む情報の集合物で検索が可能なものをいい，個人情報取扱事業者は個人情報データベース等を事業の用に供している者をいう（同法16条1項，2項）。個人データは個人情報データベース等を構成する個人情報であり，保有個人データは個人情報取扱事業者が開示，訂正等の権限を有する個人データである（同法16条3項，4項）。個人識別符号は，文字，番号，記号その他の符号のうち，政令で定めるものをいう（同法2条2項）。機微情報（センシティブ情報）として要配慮個人情報がある。ビッグデータの利活用におけるパーソナルデータの対応として，要配慮個人情報の考慮が必要である。要配慮個人情報とは，本人の人種，信条，社会的身分，病歴，犯罪

1　個人情報の保護は，行政機関個人情報保護法，独立行政法人等個人情報保護法との3本の法律を1本の法律に統合するとともに，地方公共団体の個人情報保護制度についても統合後の法律において全国的な共通ルールを規定し，全体の所管を個人情報保護委員会に一元化される。さらに，個人情報の定義等を国・民間・地方で統一するとともに，行政機関等での匿名加工情報の取扱いに関する規律を明確化する。

2　閲覧履歴は，氏名や住所などが含まれていないため，個人情報には当たらないとされる。しかし，EUの一般データ保護規則（GDPR）では，閲覧履歴も個人情報であり，外部提供は，原則，同意が必要である。

の経歴，犯罪により害を被った事実その他本人に対する不当な差別，偏見その他の不利益が生じないようにその取扱いに特に配慮を要するものとして政令で定める記述等が含まれる個人情報をいう（同法2条3項）。

個人情報は，個人に関する情報であり，個人に関する情報全般を意味する。そして，個人の属性，人格や私生活に関する情報に限らず，個人の知的創造物に関する情報，組織体の構成員としての個人の活動に関する情報，さらに映像や音声も個人情報に含まれる。個人情報保護法では，匿名加工情報と仮名加工情報がある。ビッグデータ活用のために盛り込まれた匿名加工情報とは，匿名加工を施すことによって個人情報ではなくなった情報であり，一定の要件のもと第三者への提供が可能である（同法2条6項）。仮名加工情報とは，他の情報と照合することで特定の個人を識別することができる情報で，個人情報保護法の中では個人情報であるという位置づけであり，仮名加工情報を第三者に提供するためには，原則として本人の同意が必要になる（同法2条5項）。しかし，匿名加工情報と仮名加工情報は，個人情報の二次的個人情報であることから，それらは混然一体となるのではなく，独立に存在する関係にある。

個人情報保護法の特則となる「医療分野の研究開発に資するための匿名加工医療情報に関する法律（次世代医療基盤法）」では，オプトイン（あらかじめ本人が同意すること）のほか，一定の要件を満たすオプトアウト（あらかじめ通知を受けた本人またはその遺族が停止を求めないこと）により，医療機関等から認定事業者へ要配慮個人情報である医療情報を提供することができ，認定事業者から利活用者へ匿名加工医療情報を提供することができる。それでも，ビッグデータの利活用におけるパーソナルデータの経済的価値の匿名加工情報と匿名加工医療情報の利活用において，パーソナルデータの人格的価値の対応の要配慮個人情報の考慮が必要である。

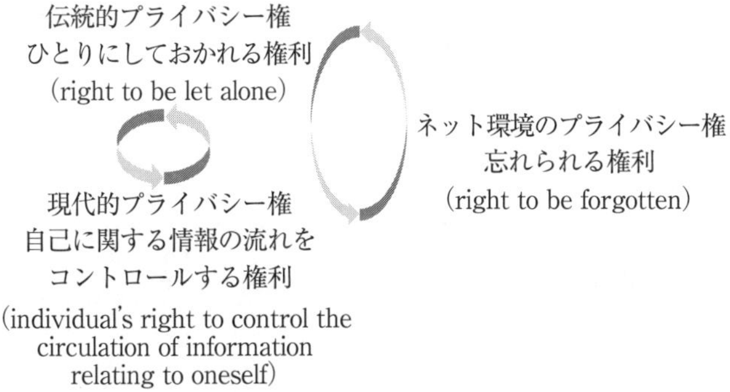

伝統的プライバシー権
ひとりにしておかれる権利
(right to be let alone)

ネット環境のプライバシー権
忘れられる権利
(right to be forgotten)

現代的プライバシー権
自己に関する情報の流れを
コントロールする権利
(individual's right to control the circulation of information relating to oneself)

図10－3　プライバシー権のとらえ方の変遷

なお，個人情報は，肖像権とかかわりをもつ。肖像権は，プライバシー権とパブリシティ権が融合した権利といえる。パブリシティ権は，芸能人やスポーツ選手等の著名人の肖像や氏名等に関する権利である。これは，商品化権と同じように，我が国においては，明文の規定をもたないが，判例上において認められている。プライバシー権の内容には，変遷がある。それは，「ひとりにしておかれる権利」，「自己に関する情報の流れをコントロールする権利」，さらに「忘れられる権利」になる（図10－3参照）。プライバシーの保護に関しては多様な対応が求められ，情報の自由な流れと人権・人格権・プライバシー保護という競合する価値の調和が必要になる。

（2）個人情報保護法の基本理念

個人情報は，個人の人格尊重の理念のもとに慎重に取り扱われるべきものであり，その適正な取扱いが図られなければならない（個人情報保護法3条）。1980年9月23日，「プライバシー保護と個人データの国際流通についてのガイドラインに関するOECD理事会勧告」が情報の自由な流れとプライバシー保護という競合する価値の調和の観点から採択された。OECD 理事会勧告付属文書「プライバシー保護と個人データの国際流通についてのガイドライン」の国内適用における基本原則（OECD プライバシー 8 原則）では，①収集制限の原則（Collection Limitation Principle）：適法・公正な手段により，かつ情報主体に通知または同意を得て収集されるべきこと，②データ内容の原則（Data Quality Principle）：利用目的に沿ったもので，かつ，正確，完全，最新であるべきこと，③目的明確化の原則（Purpose Specification Principle）：収集目的を明確にし，データ利用は収集目的に合致すべきこと，④利用制限の原則（Use Limitation Principle）：データ主体の同意がある場合，法律の規定による場合以外は目的以外に利用使用してはならないこと，⑤安全保護の原則（Security Safeguards Principle）：合理的安全保障措置により，紛失・破壊・使用・修正・開示等から保護すべきこと，⑥公開の原則（Openness Principle）：データ収集の実施方針等を公開し，データの存在，利用目的，管理者等を明示すべきこと，⑦個人参加の原則（Individual Participation Principle）：自己に関するデータの所在および内容を確認させ，または異議申立てを保証すべきこと，⑧責任の原則（Accountability Principle）：管理者は諸原則実施の責任を有すること，が規定されている。OECD プライバシー 8 原則に基づき，個人情報保護法が立法されている。

（3）個人情報保護法の構造

情報技術または情報通信技術の発展や事業活動のグローバル化等の急速な環境変化により，パーソナルデータの利活用が可能となったことを踏まえ，定義の明確化，個人情報の適正な活用・流通の確保，グローバル化への対応等がなされている。個人情報保護法の所管は個人情報保護委員会であり，各主務大臣が保有している個人情報保護法に関する勧告・命令等の権限が個人情報保護委員会に一元化される。

個人情報取扱事業者等は，個人情報データベース等（紙媒体，電子媒体を問わず，特定の個人情報を検索できるように体系的に構成したもの）を事業活動に利用している者のことをいい，個人情報保護法に定める各種義務が課される。必要に応じて，一定の適用除外が規定される。

① 利用目的の特定，利用目的による制限（同法17条，18条）：個人情報を取り扱うにあたり，その利用目的をできる限り特定され，特定された利用目的の達成に必要な範囲を超えた個人情報の取扱いを原則禁止する。

② 不適正な利用の禁止（同法19条）：違法または不当な行為を助長し，または誘発するおそれがある方法により個人情報を利用してはならない。

③ 適正な取得，取得に際しての利用目的の通知等（同法20条，21条）：偽りその他不正の手段による個人情報の取得を禁止し，個人情報を取得した際の利用目的を通知または公表し，本人から直接個人情報を取得する場合の利用目的を明示する。

④ データ内容の正確性の確保等（同法22条）：利用目的の達成に必要な範囲内で個人データの正確性，最新性を確保する。

⑤ 安全管理措置，従業者・委託先の監督（同法23条〜25条）：個人データの安全管理のために必要かつ適切な措置，従業者・委託先に対する必要かつ適切な監督を行う。

⑥ 漏えい等の報告等（同法26条）：個人データの漏えい，滅失，毀損等の安全の確保に係る事態であって個人の権利利益を害するおそれが生じたときは報告しなければならない。

⑦ 第三者提供の制限・外国にある提供の制限・第三者提供に係る記録の作成等・第三者提供を受ける際の確認等・個人関連情報の第三

者提供の制限等（同法27条～31条）：本人の同意を得ない個人データ・個人関連情報の第三者提供を原則禁止し，本人の求めに応じて第三者提供を停止することとしており，その旨その他一定の事項を通知等しているときは，第三者提供が可能であり，委託の場合，合併等の場合，特定の者との共同利用の場合（共同利用する旨その他一定の事項を通知等している場合）は第三者提供とみなさない。個人データの第三者提供に係る記録の作成や第三者から個人データの提供を受けるに際して確認を要する。

⑧　保有個人データに関する事項の公表等，開示，訂正等，利用停止等（同法32条～35条）：保有個人データの利用目的，開示等に必要な手続き等についての公表等を行い，保有個人データの本人からの求めに応じ，開示，訂正等，利用停止等を行う。

⑨　苦情の処理（同法40条１項）：個人情報の取扱いに関する苦情の適切かつ迅速な処理を行う。

なお，報道，著述，学術研究，宗教活動，政治活動の用に供する目的で個人情報を取り扱う報道機関，著述を業として行う者，学術研究機関等，宗教団体，政治団体については，個人情報取扱事業者の義務等の適用が除外になる（同法57条１項）。ただし，これらの主体は，安全管理，苦情処理等のために必要な措置を自ら講じ，その内容を公表するよう努力しなければならない（同法57条３項）。

個人データを取り巻く国際的なかかわりからは，「EU の一般データ保護規則（General Data Protection Regulation：GDPR）」[3]の我が国の個人情報保護法への影響がある。ここでは，個人データと個人情報との対応関係が問題になるが，GDPR の適用範囲を EU 以外へ広げて適用（域外適用）されることから，GDPR に適合するように，我が国の個人情報

3　GDPR では，173項の前文と99条にわたる規則事項が取り決められている。GDPR の基本原則は，個人データの取扱いと関連する個人データの適法性，公正性および透明性，目的の限定，データの最小化，正確性，記録保存の制限，完全性および機密性，そして管理者のアカンタビリティである。

保護法の改正がなされている。それは，GDPRの十分性認定への対応を目指すものであり，学術研究に係る適用除外規定について，一律の適用除外ではなく，義務ごとの例外規定として精緻化させている。

4. 特定秘密保護法とマイナンバー法

安全保障に関する情報のうち特に秘匿することが必要な特定秘密および個人を特定づける番号に固有の番号（マイナンバー）の保護も，知る権利とプライバシー権との対応で相反する。それらの法律がそれぞれ特定秘密保護法とマイナンバー法である。

（1）特定秘密保護法

特定秘密保護法は，我が国の安全保障に関する情報のうち特に秘匿することが必要であるものの保護に関し，必要な事項を定めるもの，特定秘密の漏えいを防止し，国と国民の安全を確保することを目的とする（同法１条）。特定秘密は，国家公務員法等上の秘密になり，安全保障に関する情報で，防衛，外交，特定有害活動（スパイ行為等）の防止，テロリズムの防止のうち，特段の秘匿の必要性があるものになる。

本法を拡張して解釈して，国民の基本的人権を不当に侵害するようなことがあってはならず，国民の知る権利の保障に資する報道または取材の自由に十分に配慮しなければならない旨を規定する。出版または報道の業務に従事する者の取材行為については，もっぱら公益を図る目的を有し，かつ法令違反または著しく不当な方法によるものと認められない限りは，これを正当な業務による行為とする旨を規定する。この規定は，情報公開法と同様である。個人情報が民間企業と公的機関によって自らか自動的かは問わずに収集されて保管されている情報こそが，ビッグデータの利活用の影の部分を含む。

また，ソフトウェアのソースコードに関する開示には，国民経済の民主的で健全な発達を促進するためとするものと，セキュリティ対策によるものが想定されるが，それは民間分野と国家安全とが密接にかかわりをもちうる。そのリスクの回避は，情報の秘密性・機密性の絶対的な維持かアクセスの権利または知る権利かの判断になり，その究極の判断は緊急時・緊急事態時において日本国民にとっての「人の生命，健康，生活または財産の保護」の厳格な適用になる。

(2) マイナンバー法

デジタル社会形成基本法に基づきデジタル社会の形成に関する施策を実施するためのマイナンバー法のマイナンバーを活用した情報連携の拡大等による行政手続きの効率化[4]，マイナンバーカードの利便性の抜本的向上[5]，マイナンバーカードの発行・運営体制の抜本的強化への整備[6]が行われている。

電子計算機による行政事務の効率化を目的とし，政府が国民全部一人一人に番号を付与し，個人情報を管理しやすくする制度とされるマイナンバー制度は，電子計算機による行政事務の効率化を目的とし，政府が国民全部一人一人に番号を付与し，個人情報を管理しやすくする制度である。それは，マイナンバー法に規定される。

行政事務は，基礎年金番号，健康保険被保険者番号，パスポート番号，納税者番号，運転免許証番号，住民票コード，雇用保険被保険者番

4　従業員等の転籍・退職等があった場合において，本人の同意があるときは，転籍・退職前の勤務先から，転籍・再就職した勤務先に，当該従業員等の特定個人情報の提供を可能にしている（マイナンバー法19条）。特定個人情報とは，マイナンバーを含む個人情報をいう。

5　住所地市区町村が指定した郵便局において，公的個人認証サービスの電子証明書の発行・更新等を可能とし，公的個人認証サービスにおいて，本人同意に基づき，基本4情報（氏名，生年月日，性別および住所）の提供を可能としている。

6　地方公共団体情報システム機構（J-LIS）による個人番号カード関係事務について，国による目標設定，計画認可，財源措置等の規定を整備している。

号などのそれぞれ個人を特定づける番号がある。同一企業の異なったネット購入サービスの一元化が施行される。同様に，それぞれ個人を特定づける番号に固有の番号を「マイナンバー」として付与して，行政事務にかかわる番号に関連づけて整理することで，住基ネットを通じて横断的なサービスが受けられるようになる。

マイナンバーとして各個人に割り当てられる番号は12桁であり，地方自治体が保有する氏名，住所，生年月日，所得，税金，年金といった個人情報を照会する。個人が希望すれば顔写真付きのICカードも交付される。2016年１月から個人番号の利用が開始され，国機関の社会保障，税，災害対策の行政手続きで情報連携し，自治体を含めた公的機関での連携利用になる。マイナンバーは，行政の効率化，国民の利便性の向上，公平・公正な社会を実現する社会基盤になる。マイナンバーの金融分野，医療等の分野などにおける利用範囲の拡充に伴い，民間事業者における情報流出や官公庁における個人番号カードの管理にあたっての情報セキュリティ対応が求められる。

5．おわりに

デジタル社会形成基本法の枠組みの中で，情報公開法と個人情報保護法とは知る権利とプライバシー権との対応で相反する。安全保障に関する情報のうち特に秘匿することが必要である特定秘密の保護と共通番号の個人情報の保護も，知る権利とプライバシー権との対応で相反する。また，デジタル社会形成基本法の枠組みの中で，情報公開法と特定秘密保護法とは協調し，個人情報保護法とマイナンバー法とは協調する。

個人情報は，プライバシーとのかかわりから第三者への開示は制限される。他方で，個人情報の自らの積極的な開示がなされている。自らの積極的な開示とは，ソーシャルネットワークサービス（SNS）の利用と

POS（Point Of Sales：販売時点情報管理）およびポイントカードなどの使用が挙げられる。SNSの利用は，個人情報だけでなく，企業秘密や国家機密情報との関連も生じてくる。GDPR制定の背景には，急速な情報技術の革新とグローバリゼーションの進展，さらにビッグデータの利活用がかかわっている。ビッグデータの利活用によるビジネスは企業へのサイバー攻撃やハッキングなど個人情報漏えいのリスクが急速に高まったため，これに対応するためにEU圏内での個人情報を守るための法整備としてGDPRが制定されている。不開示性の情報は，情報セキュリティの面からの対応が必要になる。

参考文献

(1) 宇賀克也『情報公開・個人情報保護――最新重要裁判例・審査会答申の紹介と分析』（有斐閣，2013年）

(2) 三宅弘『知る権利と情報公開の憲法政策論――日本の情報公開法制における知る権利の生成・展開と課題』（日本評論社，2021年）

(3) 児玉晴男「包括的なユビキタスネット法制における開示／不開示情報の構造とその権利の性質」『情報通信学会誌』28巻3号（2010年）pp. 1–12

(4) 児玉晴男「情報の開示と不開示との相関性からの判断基準」『日本セキュリティ・マネジメント学会誌』26巻3号（2013年）pp. 3–14

学習課題

1）開示情報と不開示情報との関係について考えてみよう。

2）EUの一般データ保護規則（GDPR）とその我が国の個人情報保護法の対応について調べてみよう。

3）マイナンバー制度の適用領域について確認してみよう。

11　プロバイダの責任と不正アクセスの禁止

《学習の目標》 情報が生産・流通・利用されるデジタル社会の中で，情報の不適切な発信や情報への不正なアクセスが問題になる。それは，デジタル社会の影への対応になる。本章は，プロバイダ責任制限法と不正アクセス禁止法などを概観する。

《キーワード》 発信者情報，不正アクセス，プロバイダ責任制限法，不正アクセス禁止法，サイバー刑法

1．はじめに

インターネット上の他人の権利を侵害する情報の流通について，インターネットサービスプロバイダ（ISP）等の責任が問われるおそれがある。ISP 等は，権利を侵害されたとする者または発信者から，他人の権利を侵害する情報を放置したり実際は権利を侵害していない情報を削除したりという法的責任を問われるおそれがある。前者は権利を侵害されたとする者から損害賠償請求を受ける可能性があり，後者は発信者から損害賠償請求を受ける可能性がある。

また，種々の情報が流通・利用される中で，迷惑メールや大量のメールの受信によるシステム障害に至るケースがある。そして，パソコンやスマートフォンから IoT 機器へのサイバー攻撃がある。攻撃元が一つの場合の DoS 攻撃（Denial of Service attack）や第三者のマシンに攻撃プログラムを仕掛けて踏み台にして多数のマシンから標的とするマシン

に大量のパケットを同時に送信するDDoS攻撃（Distributed Denial of Service attack）がある。また，コンピュータウイルスやそれが含まれるファイル共有ソフトの不正アクセス等によって個人情報，企業秘密，国家機密情報などの漏えいの問題がある。

それらは，情報ネットワークとウェブ環境における名誉や信用の保護のための規範，不正アクセス禁止，人為的な情報リスクなどの対策を必要とする。プロバイダの責任と不正アクセスの禁止，そしてネット環境の不正行為の法的対応が求められる。本章は，プロバイダ責任制限法，不正アクセス禁止法，そしてサイバー刑法を概観し，デジタル・フォレンジックについて概説する。

2. プロバイダ責任制限法

デジタル社会がデザインされるとき，情報の信頼性とプライバシーの保護が話題になる。たとえば，情報の電子化に伴う情報通信ネットワーク上での情報の改ざんや名誉毀損がある。ただし，このような問題は，情報ネットワークとウェブ環境に固有なものではなく，メディアの形態が口伝えであっても印刷メディアであってもその形態を問わず情報の伝達に伴って必ず問題となるものである。ただし，これまでの媒体が経時的な流れにあったものに対し，情報の電子化の特性が同時性と反復性を意識させる点に注意しなければならない。

情報は，知的財産との関連で情報財ととらえられ，著作者の権利（著作者人格権と著作権）や特許権さらに商標権などにかかわりをもちうる。情報財は，保護される対象であるとともに，公正な利用のもとに，文化の発展または産業の発達への寄与がうたわれている。それらは，情報財の経済的価値の面になるが，情報財には人格的価値の面，すなわち人権・人格権・プライバシー権も配慮されなければならない。

(1) プロバイダ責任制限法の主旨

「特定電気通信役務提供者の損害賠償責任の制限及び発信者情報の開示に関する法律（プロバイダ責任制限法)」は，情報の流通において権利（プライバシー権や著作権・商標権）の侵害があったときに，特定電気通信役務提供者（プロバイダ等）が負う損害賠償責任の範囲や，情報発信者の情報の開示を請求する権利を規定する（同法１条)。本法は，プロバイダ等において被害者救済と発信者の表現の自由等の重要な権利・利益のバランスに配慮しつつ，損害賠償責任の制限（同法３条）と発信者情報の開示請求等（同法５条～７条）を規定し，特定個人の民事上の権利侵害があった場合を対象にする。

本法における用語の意義は，下記になる（同法２条各号)。特定電気通信とは，不特定の者によって受信されることを目的とする電気通信の送信をいう（１号)。インターネットでのウェブページや電子掲示板などの不特定の者により受信されるものが対象であり，放送に当たるものは対象外である。プロバイダ等とは，特定電気通信設備を用いて他人の通信を媒介し，その他特定電気通信設備を他人の通信の用に供する者をいう（３号)。プロバイダ等は，ISPだけでなく，サーバーの管理・運営者等が対象である。発信者とは，プロバイダ等の用いる特定電気通信設備の記録媒体に情報を記録し，または特定電気通信設備の送信装置に情報を入力した者をいう（４号)。侵害情報とは特定電気通信による情報の流通によって自己の権利を侵害されたとする者が当該権利を侵害したとする情報をいい（５号)，発信者情報とは，氏名，住所その他の侵害情報（他人を誹謗中傷する情報）の発信者の特定に資する情報である（６号)。発信者情報は，発信者のプライバシー，表現の自由，通信の秘密にかかわる電子掲示板に書き込みをした者の個人情報でもある。

(2) 損害賠償責任の制限

プロバイダ等が，自ら提供する特定電気通信による他人の権利を侵害する情報の送信を防止するための措置を講じなかったことに関し，プロバイダ等に作為義務が生ずるのかどうかが明確ではない中で，損害賠償責任の制限が規定される（プロバイダ責任制限法3条)。プロバイダ等が，情報の流通により権利を侵害されたとする者との関係での損害賠償責任（不作為責任）が生じない場合を可能な範囲で明確にする（同法3条1項)。プロバイダ等が不作為責任を負いうる場合が一定の範囲で明確化されることとなり，問題とされる情報に対してプロバイダ等による適切な対応が促されると期待される。また，逆に，プロバイダ等が，問題とされる情報の送信を防止する措置を講じないことにより不作為責任を問われることをおそれるあまり，過度に送信を防止する措置を行って発信者の表現の自由を不当に侵害することを抑止する効果も有するものと考えられる。

また，プロバイダ等が，自ら提供する特定電気通信により流通する情報の送信を防止する措置を講じたことに関して，当該情報の発信者との関係で損害賠償責任（作為責任）を負いうる場合について規定される(同法3条2項)。プロバイダ等は，一定の要件に該当する場合でなければ発信者との関係で責任を負わないことが明確となるため，他人の権利を侵害する情報の送信を防止する措置を講ずることを過度に躊躇することなく，自らの判断で適切な対応をとることが促されることが期待される。

(3) 発信者情報の開示請求・開示関係役務提供者の義務等・発信者情報の開示を受けた者の義務

特定電気通信による情報の流通によって自己の権利を侵害されたとす

る者は，特定電気通信の用に供される特定電気通信設備を用いるプロバイダ等（開示関係役務提供者）に対し，開示関係役務提供者が保有する権利の侵害に係る発信者情報の開示を請求することができる（プロバイダ責任制限法５条１項，２項）。開示関係役務提供者とは，特定電気通信役務提供者および特定電気通信に係る侵害関連通信の用に供される電気通信設備を用いて電気通信役務を提供した者である関連電気通信役務提供者をいう（同法２条７号）。ただし，発信者情報の開示請求は，侵害情報の流通によって開示請求者の権利が侵害されたことが明らかであり，発信者情報が開示請求者の損害賠償請求権の行使のために必要である場合その他発信者情報の開示を受けるべき正当な理由があるときでなければならない。開示関係役務提供者は，開示の請求を受けたときは，開示するかどうかについて発信者の意見を聴かなければならない（同法６条１項）。なお，発信者情報の開示を受けた者は，発信者情報をみだりに用いて，不当に当該発信者の名誉または生活の平穏を害する行為をしてはならない（同法７条）。ただし，開示関係役務提供者は，開示の請求に応じないことにより開示請求者に生じた損害については，故意または重大な過失がある場合でなければ，賠償の責めに任じない（同法６条４項）。

なお，海賊版サイトに対しては著作権侵害を根拠に発信者情報開示請求を行うことができるが，現行制度上は発信者の通信記録（IP アドレス等）の開示と発信者の特定（氏名，住所等）の２段階の手続きが必要であり，日本国憲法21条２項の通信の秘密に関する規定との兼ね合いから，裁判所では慎重な判断がされていたが，プロパイダ責任制限法の改正によって，発信者情報の開示を一つの手続きで行うことを可能とする新たな手続きが導入されている。

① 発信者情報開示請求事件(1)

本件は，いわゆる経由プロバイダは，プロバイダ等の損害賠償責任の制限およびプロバイダ等に該当するかについて判示された事件である[1]。裁判要旨は，最終的に不特定の者に受信されることを目的として特定電気通信設備の記録媒体に情報を記録するためにする発信者とコンテンツプロバイダとの間の通信を媒介する経由プロバイダは，プロバイダ等に該当するとしている。

② 発信者情報開示請求事件(2)

本件は，インターネット上の電子掲示板にされた書き込みの発信者情報の開示請求を受けたプロバイダ等が，請求者の権利が侵害されたことが明らかでないとして開示請求に応じなかったことにつき，重大な過失があったとはいえないとされた事例である[2]。本件は，プロバイダ責任制限法５条１項に基づく発信者情報の開示請求に応じなかったプロバイダ等が損害賠償責任を負う場合が判示されている。

本件の裁判要旨は，発信者情報の開示請求に応じなかったプロバイダ等は，その開示請求が同項各号所定の要件のいずれにも該当することを認識し，または上記要件のいずれにも該当することが一見明白であり，その旨認識することができなかったことにつき重大な過失がある場合にのみ，損害賠償責任を負うというものである。インターネット上の電子掲示板にされた書き込みの発信者情報の開示請求を受けたプロバイダ等が，その書き込みにより請求者の権利が侵害されたことが明らかでないとして開示請求に応じなかったことにつき，その書き込みは，侮辱的な表現を一語含むとはいえ，具体的事実を摘示して請求者の社会的評価を低下させるものではないとする。特段の根拠を示さずに書き込みをした者の意見ないし感想としてその語が述べられているという事情のもとにおいては，上記書き込みが社会通念上許される限度を超える侮辱行為で

1　最一判平成22年４月８日（平成21年（受）1049号）。
2　最三判平成22年４月13日（平成21年（受）609号）。

あることが一見明白であるということはできず，上記プロバイダ等に重大な過失があったとはいえないとされる。発信者情報の被害者への開示は維持されている。損害賠償を請求するための発信者情報の開示の請求は，侵害されたという開示請求者への「名誉の棄損」と「社会的評価を低下させるもの」との間の発信者情報という個人情報の人格的価値だけではなく，個人情報の経済的価値をも含む対応関係になろう。

③　発信者情報開示等請求事件（著作権侵害差止等請求事件）(3)

本件は，公衆送信権（送信可能化権）の侵害により，発信者情報の開示が判示された事件である[3]。これは，公衆送信権（送信可能化権）という経済的権利と発信者情報という人格的権利との比較衡量により判断されたことになる。

④　発信者情報開示等請求事件(4)

本件は，Twitterのウェブサイトにされた投稿により本件写真に係る被上告人の氏名表示権等を侵害されたとして，Twitterを運営する上告人に対し，上記投稿に係る発信者情報の開示を求める事案である[4]。本件は，各リツイートによる本件氏名表示権の侵害について，本件各リツイート者は，プロバイダ責任制限法5条1項の「侵害情報の発信者」に該当し，かつ，同法5条1項1号の「侵害情報の流通によって」被上告人の権利を侵害したものというべきであるとする。

なお，ウェブサイトなどにアップロードされた著作権侵害に該当するようなコンテンツが著作権者からの著作権侵害の通知を受けたISPの判断が問われる状況に至ったときの免責として，デジタル・ミレニアム著作権法（DMCA）のセーフハーバー条項の規定に，ノーティス・アンド・テイクダウンがある（17USC§512(d)）。この規定は，米国の著作権制度の対応になるが，我が国ではプロバイダ責任制限法と同様な免責の規定になる。

3　知財高判平成22年9月8日（平成21年（ネ）10078号），東京地判平成21年11月13日（平成20年（ワ）21902号）。

4　最三判令和2年7月21日（平成30年（受）1412号）。

また，ネット上の投稿などによる誹謗中傷に対して，刑法の侮辱罪[5]を厳罰化し，懲役刑を科している。

3．不正アクセス禁止法

（1）不正アクセス

電子化された機密性の高い情報は，ハッカー（hacker）による不正アクセスによる情報の漏えいやウィキリークス（WikiLeaks）による内部告発等による情報の保持者の意に沿わない情報の漏えいもありうる。個人情報と法人情報，または企業秘密や国家機密情報の漏えいのリスクの対応が求められる。国家機密情報，企業秘密は情報の機密性のコアになる。その機密性の性質は，情報の構造とその権利の構造によって情報の公開性と秘密性との関係の中で異なる面を見せることが想定される。ここで，機密とは，政治，国家などに関する極めて大切な秘密のことである。基本的には，秘密は公的または私的な隠し事の全般をいうが，機密は公的な隠し事に限られる。

情報の秘密性は，行政機関の長が情報を不利益や支障を生じるおそれがあることに十分の理由があると認めたとき，すなわち情報を公にすることによる不利益や支障を生じるおそれがあると認めるものが対象になる。組織的なハッカー攻撃の不正アクセスの対象が個人情報から国家機密情報や企業秘密に移行し，さらに国家機密とのかかわりからの個人情報と法人情報へ及んでいる。特殊詐欺などを防ぐための犯罪捜査のために，通信傍受が解禁されることがありうる。また，マイナンバーの民間企業における情報流出の懸念もある。企業秘密の流出時の迅速な捜査の法整備が進められている。それらは，情報の秘密性・機密性に対するリスクの対応になる。

5　侮辱罪は公然と人を侮辱した行為に適用され，罰則は１年以下の懲役・禁固または30万円以下の罰金で，公訴時効は３年である。

（2）不正アクセス禁止法の主旨

「不正アクセス行為の禁止等に関する法律（不正アクセス禁止法）」は，不正アクセス行為や，不正アクセス行為につながる識別符号の不正取得・保管行為，不正アクセス行為を助長する行為等を禁止する法律である（同法1条）。識別符号とは，情報機器やサービスにアクセスする際に使用するIDやパスワード等のことである（同法2条2項）。本法は，デジタル社会の健全な発展に寄与することを目的とし，そのために，不正アクセス行為を禁止するとともに，これについての罰則およびその再発防止のための援助措置等を定める。不正アクセス行為とは，IDやパスワードによりアクセス制御機能が付されている情報機器やサービスに対して，他人のID・パスワードを入力したり，脆弱性を突いたりなどして，本来は利用権限がないのに，不正に利用できる状態にする行為のことである（同法2条4項）。

本法の基本構成は，不正アクセス行為等の禁止・処罰という行為者に対する規制と，不正アクセス行為を受ける立場にあるアクセス管理者に防御措置を求め，アクセス管理者がその防御措置を的確に講じられるよう行政が援助するという防御側の対策という二つの側面から，不正アクセス行為の防止を図ろうとするものである。

①　不正アクセス行為の禁止

何人も，不正アクセス行為をしてはならない（不正アクセス禁止法3条）。これに違反した者は，3年以下の懲役または100万円以下の罰金に処される（同法11条）。

②　他人の識別符号を不正に取得する行為の禁止

何人も，不正アクセス行為の用に供する目的で，アクセス制御機能に係る他人の識別符号を取得してはならない（不正アクセス禁止法4条）。これに違反した者は，1年以下の懲役または50万円以下の罰金に処される（同法12条１号）。

③　不正アクセス行為を助長する行為の禁止

何人も，業務その他正当な理由による場合を除いては，アクセス制御機能に係る他人の識別符号を，当該アクセス制御機能に係るアクセス管理者および当該識別符号に係る利用権者以外の者に提供してはならない(不正アクセス禁止法５条)。不正アクセス行為を助長する行為の禁止の規定に違反して，相手方に不正アクセス行為の用に供する目的があることの情を知ってアクセス制御機能に係る他人の識別符号を提供した者は，１年以下の懲役または50万円以下の罰金に処される（同法12条２号)。これを除き，不正アクセス行為を助長する行為の禁止に違反した者は，30万円以下の罰金に処される（同法13条)。

④　他人の識別符号を不正に保管する行為の禁止

何人も，不正アクセス行為の用に供する目的で，不正に取得されたアクセス制御機能に係る他人の識別符号を保管してはならない（不正アクセス禁止法６条)。これに違反した者は，１年以下の懲役または50万円以下の罰金に処される（同法12条３号)。

⑤　識別符号の入力を不正に要求する行為の禁止

何人も，アクセス制御機能を特定電子計算機に付加したアクセス管理者になりすまし，その他当該アクセス管理者であると誤認させて，次に掲げる行為をしてはならない（不正アクセス禁止法７条)。フィッシングサイト構築（同法７条１号）と電子メール送信（同法７条２号）によるフィッシング行為を禁止する。これに違反した者は，１年以下の懲役または50万円以下の罰金に処される（同法12条４号)。フィッシングとは，金融機関などからの正規のメールやウェブサイトを装い，暗証番号やクレジットカード番号などを詐取する詐欺のことである。

情報財の創造活動に関しては，技術流出などが認められれば，いわゆる不正競争防止法の産業スパイ条項の適用がありうる。情報財のダウンロードは，私的使用のための複製であっても，複製しようとする情報財に不正があることを承知して行うことは罰則規定が適用される。また，情報財へのアクセスとコピーに関しては，我が国の著作権法ではアクセスコントロールは可能でコピーコントロールは注意が必要になる。しかし，国外や不正競争防止法ではアクセスコントロールはコピーコントロールと同様な扱いになり，そもそも不正なアクセスは禁止される。

4. 情報にかかわる不正行為の対応

情報は，無体物である。民法において，「物」とは，有体物を指す。有体物とは，無体物に対する概念として，空間の一部を占めるものを意味する。民法上，電気は，有体物ではないと解釈されている。他方，刑法では，電気窃盗などを処罰する必要があり，「電気は，財物とみなす」と規定している。無体物のとらえ方は，法律によって異なっている。無体物の情報のとらえ方も，法律によって異なる。

情報にかかわる不正行為は，フィジカル空間の不正行為がサイバー空間へ反映されていよう。そうであっても，情報にかかわる不正行為におけるリスクの回避は，デジタル認証といった対応が必要になる。また，個人情報の意図と異なる利用についての配慮も必要になる。

(1) サイバー刑法

個人情報，企業秘密，国家機密情報などの不正アクセス等による情報の漏えいの問題が生じうる。DoS攻撃やDDoS攻撃は，情報機器の機能を停止させてしまうことがある。そうすると，情報ネットワークとウェブ環境の不正行為の対応が求められるようになる。

情報処理の高度化等に伴ってサイバー犯罪が頻発するようになってい

るが，サイバー犯罪という不正行為に対する刑法の対応が求められる。その対応の情報に関する不正行為の刑法の適用は，「情報処理の高度化等に対処するための刑法等の一部を改正する法律（サイバー刑法）」を待つことになる。サイバー刑法は，サイバー犯罪に対応するため，刑法ならびに関連法の改正を行う法律であり，刑法に「不正指令電磁的記録に関する罪（コンピュータウイルスに関する罪）」を規定している。コンピュータウイルスに関する罪は三つ規定されている。第一は，ウイルス作成罪・提供罪であり，正当な目的がないのに，その使用者の意図とは無関係に勝手に実行されるようにする目的で，コンピュータウイルスやコンピュータウイルスのプログラム（ソースコード）を作成，提供する行為をいう（刑法168条の２）。第二は，ウイルス供用罪であり，正当な目的がないのに，コンピュータウイルスを，その使用者の意図とは無関係に勝手に実行される状態にした場合や，その状態にしようとした行為をいう（同法168条の２）。第三は，ウイルスの取得・保管罪であり，正当な目的がないのに，その使用者の意図とは無関係に勝手に実行されるようにする目的で，コンピュータウイルスやコンピュータウイルスのソースコードを取得，保管する行為をいう（同法168条の３）。そのデジタル対応の科学的調査手法・技術が求められる。

（２）デジタル・フォレンジック

「デジタル・フォレンジック研究会」の定義によれば，デジタル・フォレンジック（digital forensics）は，インシデントレスポンスや法的紛争・訴訟に際し，電磁的記録の証拠保全および調査・分析を行うとともに，電磁的記録の改ざん・毀損等についての分析・情報収集等を行う一連の科学的調査手法・技術をいう。

インシデントレスポンスとは，インシデント（incident）の発生に対し，適切な対応を行うことである。インシデントは，情報セキュリティ分野ではコンピュータやネットワークのセキュリティを脅かす事象を意味し，偶発的であるか意図的であるかは問わない。不正アクセス，不正中継，システムへの侵入，データの改ざん，サービス妨害行為（DoS）などがある。フォレンジック（forensics）には，法医学，科学捜査といった意味がある。デジタル証拠の確保が図られることによって，コンピュータ・セキュリティを積極的に維持することができる。

デジタル・フォレンジックは，ハイテク犯罪や情報漏えい事件などの不正行為発生後にデジタル機器等を調査し，いつどこで誰が何をなぜ行ったか等の情報を適切に取得し，問題を解決するインシデントレスポンスの対応になる。デジタル・フォレンジックの検討は，たえず行われるものとされ，デジタル証拠においては，データ改ざんなどのリスクが伴う。デジタル社会においては，ヒューマンファクター（human factor）のリスクが残される。アクセスに伴うコンピュータ犯罪については，サイバー刑法などによる対処になり，情報リテラシーや情報倫理とアクセスの権利の面との相互関係から問題解決すべきであろう。ただし，デジタル・フォレンジックは，法的・技術的な対応が協調するしくみの検討が必要になる。

（3）利用者情報の意に沿わない利用行為

匿名の発信者情報や不正アクセスによる個人情報の漏えいとは異なるが，個人情報の提供者の意に沿わない利用行為といえる問題がある。ソーシャルネットワークサービス（SNS）[6]では，個人の見解やスケ

6　Twitterは，Twitter社によって提供される全角140文字以内の「ツイート」と称される短文を投稿できるインターネットサービスであり，FacebookはFacebook社（現在，Meta Platforms社）が提供するインターネット上のSNSである。微博は中国版TwitterまたはFacebookであり，LINEは韓国のIT企業NHN日本法人（LINE社）が提供するスマートフォンやフィーチャーフォンなど携帯電話やパソコンに対応したインターネット電話やテキストチャットなどの機能を有するインスタントメッセンジャーである。

ジュールがリアルタイムに実況中継されている。それらの利用にあたって，SNSの提供会社との契約内容に個人情報である利用者情報の利用の許諾が想定されているとしても，利用者情報の意に沿わない利用行為の問題がある。利用者情報は，顧客情報としてのビッグデータの利活用という経済的な問題が想定される。

そして，国は，ほぼすべての国民にマイナンバーカードを取得させるとの目標を掲げ，マイナンバーカードと健康保険証や運転免許証とを一体化することを公表している。そのとき，マイナンバーカードの各種のサービスがスムーズに受けられるといった広報がなされているが，国民の中には個人情報漏えいへの懸念があるとされる。しかし，その懸念の一方で，たとえばCA問題[7]やLINE問題[8]があることから，マイナンバーカードの利便性とともに，健康保険証や運転免許証の不正取得や不正行為に関する問題も広報することが必要であろう。さらに，そのことは，プライバシーの問題というよりも国家安全情報の問題の懸念が生じてくる。

また，オンライン会議やオンライン授業では，ZoomやTeamsが使用されている。SNSやクラウドサービスまたはウェブサービスは，コミュニケーションの利便性や使用料が無料などの理由から，個人だけでなく企業，さらに官公庁までも無邪気とさえいえるような利用がなされている。それらインターネットサービスがたとえ多国籍企業としても，それらインターネットサービスの活用にあたっては，特に緊急時・緊急事態時も考慮して個人情報や法人情報，さらに国家機密情報にかかわる利用者情報に関して留意する必要がある。

7　CA問題とは，英国のデータ分析会社（ケンブリッジ・アナリティカ（CA）社）がFacebookの大量の利用者情報をもとに，2016年の米大統領選挙などで世論誘導を行っているとされる問題である。

8　LINE問題とは，LINEの利用者情報が韓国だけでなく，中国企業でも閲覧できた問題である。

5. おわりに

特定電気通信による情報の流通によって，名誉毀損・プライバシー侵害されたり，著作権侵害や商標権侵害されたりした申立者からの送信防止措置の要請を受けることがある。その対応にあたっては，プロバイダ等のとるべき行動基準を明確化することにより，プロバイダ等による迅速かつ適切な対応を促進し，情報ネットワークとウェブ環境の円滑かつ健全な利用を促進することが求められる。

電気通信回線を通じて行われる電子計算機に係る犯罪は，電子計算機使用詐欺，電子計算機損壊等業務妨害などコンピュータ・ネットワークを通じて，これに接続されたコンピュータを対象として行われる犯罪と，コンピュータ・ネットワークを通じて，これに接続されたコンピュータを利用して行われる詐欺，わいせつ物頒布，銃器・薬物の違法取引などの犯罪の両方を指している。

ファイル共有ソフトのWinny事件（著作権法違反幇助被告事件[9]）は，インターネットで不特定多数の者に公開，提供し，正犯者がこれを利用して著作物の公衆送信権を侵害した事案である。Winnyは価値中立で優れたファイル共有ソフトであるが，Winnyで流通するファイルに自身を複製して他のシステムに拡散する性質をもったマルウェアのAntinnyなどのウイルスが仕組まれたことにより，個人情報がWinnyを媒体としてばらまかれ，国家機関等の保有する情報漏えいにも及んでいる。Winny事件は，IT・ICTのイノベーションの促進とそれの法的に不適切な利用という正負の対応を要し，情報に対する不正行為はユビキタス侵害の準拠法等の法整備が求められる。

なお，SNSのたとえばFacebookは，死後のアカウント管理人指名やアカウント削除の遺言を可能としている。個人情報に関するものは，肉

9　最三決平成23年12月19日（平成21年（あ）1900号）。

体に関する生前だけでなく死後のことまで留意しなければならないことになる。それは，情報財の人格的価値とも関連し，サイバー空間で半永久的に人格が形成されるかもしれない。フィジカル空間でイメージされる人格は一面的な虚像とみなされ，サイバー空間で分散化された個人情報が一元化された人格は実像に限りなく漸近しうる。デジタル社会のリスクを回避するためには，公開・公表されている情報を総合的に評価し，その背景となる非公開・非公表の情報をも加味する各自各様な情報活用能力の涵養が必要になろう。

参考文献・資料

(1) 企業法学会編『先端技術・情報の企業化と法』(文眞堂，2020年)

(2) プロバイダ責任制限法関連情報 Web サイト
http://www.isplaw.jp/

(3) 警視庁「不正アクセス行為の禁止等に関する法律の解説」
https://www.npa.go.jp/cyber/legislation/pdf/1_kaisetsu.pdf

学習課題

1）発信者情報開示事件の判例を調べてみよう。

2）不正アクセスの事例について調べてみよう。

3）デジタル・フォレンジックの法的・技術的な対応関係について調べてみよう。

12 自由なデータ流通と電子商取引

《学習の目標》 デジタル社会において，インターネット等を利用した経済活動の促進がある。そこでは，信頼性のある自由なデータ流通と電子商取引の国際的なルールが指向される。本章は，データ流通の利活用と電子商取引にかかわる法制度を概観する。
《キーワード》 データ流通，暗号資産，中央銀行デジタル通貨，電子契約法・金融商品取引法・特定商取引法，e-文書法・電子署名法・迷惑メール防止法

1．はじめに

デジタル社会の形成において，電子商取引その他のインターネット等を利用した経済活動（電子商取引等）の促進等がある。それは，経済構造改革の推進および産業の国際競争力の強化に寄与するものでなければならない。インターネット等を利用した経済活動といっても，すべてが電子的に行われるということではなく，現実の経済活動の中にインターネット等が活用される形態が併存している。データの潜在力を最大限活用し，AI，IoT，ビッグデータにおけるイノベーションを大きく加速させ，我が国の産業に新たな成長の可能性を生み出すものとなる。

2019年６月のG20大阪サミットにおいて，プライバシーやセキュリティ等に関する消費者や企業の「信頼」を確保することによって自由なデータ流通を促進するData Free Flow with Trust（DFFT）のコンセプトに合意している。また，「デジタル経済に関する首脳特別イベント」

において，我が国主導で，27カ国の首脳とWTOを始めとする国際機関の参加のもと，「デジタル経済に関する大阪宣言」を発出し，データ流通や電子商取引に関する国際ルールづくりを進めていくプロセスである「大阪トラック」を立ち上げている。

ところで，現実の商取引は，契約法などによって規定される。電子商取引でも，現実の商取引とかかわりのあることから，一般に，既存法での対応と本質的に異なるわけではない。現実の経済活動の中ですべて電子化されない限りは，既存法の電子化の対応の改正および電子商取引に特有の文書，署名，取引に関する新規立法により方向づけられている。

急速に進行するデジタル化の潜在力を最大限活用するためには，データ流通，電子商取引を中心としたデジタル経済に関する対応が必要になる。電子商取引の既存法の対応としては，民法と証券取引法の特例に関する法律である電子契約法と金融商品取引法などがある。電子商取引の特別法の対応としては，e-文書法，電子署名法などがある。そして，迷惑メール関連法として既存法と特別立法による特定商取引法と迷惑メール防止法がある。本章は，自由なデータ流通の推進と電子商取引にかかわる法律を概観する。

2. 自由なデータ流通と電子商取引

（1）情報銀行とデータ流通・利用

世界情勢の改善に取り組む国際機関である世界経済フォーラム（WEF）は，2021年5月開催ダボス会議のテーマは「グレート・リセット（The Great Reset）」とし，資本主義のグレート・リセットも必要であると訴えている。グレート・リセットとは，より良い世界をもたらすために，私たちの社会と経済のあらゆる側面を見直し，刷新することである。具体的には，企業は株主の利益を第一に考えて経営する「株主資本主義」

ではなく，従業員，取引先，顧客，地域社会といったあらゆるステークホルダーの利益に配慮して経営する「ステークホルダー資本主義」を推し進めるべきという考えにある。第四次産業革命への動きは，グレート・リセットと同時並行で進んでいる。そして，データの重要性が増している。信頼性のある自由なデータ流通に関連する規律には越境データ流通の自由化と信頼性（データの安全・安心）があり，それは情報公開と個人情報保護の関係と同様である。

デジタル社会の実現に向けた重点計画では，デジタル社会形成基本法12条関係でデータ利活用のルール整備を掲げている。ここでは，分野横断的な施策のうち重点的に講ずべき施策，いわゆる情報銀行やデータ取引市場等の実装に向けた制度整備を挙げている。これまでのしくみの実装により，データ利活用による便益が個人および社会に還元され，国民生活の利便性の向上や経済活性化等の実現を目指している。

データの円滑な流通・活用を実現することは，経済活性化や国民生活の利便性の向上等を促進することになる。重点分野のうち重点的に講ずべき施策としては，健康・医療・介護等データの流通・利活用環境の実現，匿名加工医療情報の作成に関する認定制度の整備，情報銀行等のしくみを活用した観光おもてなしビジネス実現に向けた検討がある。金融分野では，金融サービスをめぐる環境が変化する中にあって，金融分野におけるオープンイノベーション（外部との連携・協働による革新）を進めていくことが重要であるとする。データ利活用の活性化の観点から，金融機関による官民データの利活用の推進もある。パーソナルデータを生命・安全からの開示を想定して，匿名加工情報・匿名加工医療情報・仮名加工情報を顧客情報（知的財産）としてデータイノベーション領域で利活用することが考えられる。

（2）フィンテックと電子商取引

電子商取引に関して，金融（finance）と技術（technology）を組み合わせたフィンテック（FinTech）というサービスがある。デジタル社会の形成は，電子商取引その他のインターネット等を利用した経済活動（電子商取引等）の促進等にあり，経済構造改革の推進および産業の国際競争力の強化に寄与するものが求められる。フィンテックは，モバイル決済やオンライン送金，スマホ用アプリの提供，ビッグデータの利活用など，新しいソリューションやソフトウェアなどを開発したベンチャー企業等が高利便性と低コストの金融サービスを提供する事例が増えている。2008年秋のリーマン・ショックをきっかけに，米国の投資家や起業家らが新しいトレンドを作ろうと試み，そこにスマホ革命が起こり，一挙に加速したとされる。既存の金融機関においては，フィンテックに対して，自社におけるイノベーション推進の強化や他社とのコラボレーションのほか，ベンチャー企業等への出資・買収などを通して，新しい技術やサービスを積極的に提供しようと試みている。また，行政側も新しい金融サービスに対して，規制緩和の流れになっている。フィンテックと関連して，インターネット上で一般の資産運用を支援するAIによるロボ・アドバイザーというサービスがある。フィンテックサービスの関係で，仮想通貨（暗号資産）の法的位置づけが図られている。

（3）仮想通貨（暗号資産）と中央銀行デジタル通貨

「資金決済に関する法律（仮想通貨法）」に，暗号資産の定義がある。暗号資産（仮想通貨）とは，物品を購入し，借り受け，役務の提供を受ける場合に，これらの代価の弁済のために不特定の者に対して使用することができ，かつ，不特定の者を相手方として購入および売却を行うことができる財産的価値であって，電子情報処理組織を用いて移転することができるものをいう（同法2条5項）。ビットコイン（BTC），イーサリアム（ETH），リップル（XRP）などが仮想通貨である。ビットコインは，公共トランザクションログを利用しているオープンソースプロトコルに基づくPeer to Peer（ピア・トゥー・ピア）型の決済網および暗号通貨である。ビットコインは，「サトシ・ナカモト」と名乗る人物による論文[1]に基づき2009年に誕生した仮想通貨であり，ネット上のデータのやり取りで処理する。中央銀行を通さずにビットコインは発行でき，取引記録を保ちつつも分散計算を通じてユーザーの匿名性を保てる。現物通貨や電子マネーのような公的な裏付けがないが，格安な手数料と瞬時に送金できる利便性から広がり，流通額は円換算で1兆円規模とされる。需給関係などに左右される為替リスクに加え，違法取引や資金洗浄などの温床になっているとの指摘がある。

仮想通貨は，マイニング（mining）[2]と仮想通貨の根幹技術であるブロックチェーン[3]が深くかかわっている。ブロックチェーンは「分散管理された取引台帳」ともよばれ，ネットワークの参加者が誰でもデータを共有できるという特徴がある。すなわち，ブロックチェーン技術は仮想通貨の取引履歴を完全に透明化でき，あらゆる取引が常に第三者の監視下に置かれる。また，データの改ざんは，まず不可能とされ，必要となる労力がデータの改ざんにまったく見合わない。

1　Satoshi Nakamoto “Bitcoin: A Peer-to-Peer Electronic Cash System” March 2009, https://bitcoin.org/bitcoin.pdf. 本論文では，「必要なのは，信用ではなく暗号化された証明に基づく電子取引システムであり，これにより希望する二者が信用できる第三者機関を介さずに直接取引できるようになる」とある。

2　マイニングとは，「採掘」を意味する語であり，暗号資産を新規に付与される権利を得るために，取引データを解析してその正当性の検証のために必要な膨大な演算処理を行うことである。

3　ブロックチェーンとは，仮想通貨の取引の情報を記録・管理するための技術である。個々の取引情報データ（トランザクション）は1個の「ブロック」にまとめられて保存され，分散型ネットワーク上で同期されて記録される。データがブロック単位で，あたかも鎖のように一つにつなげられているため，ブロックチェーンという。

なお，暗号資産は各国の中央銀行が関与するものではないが，中央銀行デジタル通貨（Central Bank Digital Currency : CBDC）として，2020年にバハマ「サンドドル」とカンボジア「バコン」が発行されており，2021年以降，デジタルユーロ，デジタル円[4]の検討やデジタル人民元などの構想がある。CBDC は，ドルを基軸通貨とした銀行間の国際的な決済ネットワークのスイフト（Society for Worldwide Interbank Financial Telecommunication : SWIFT）[5]の介在を想定するデジタルドルとそのほかの CBDC とには，利便性とは別の一種の覇権争いが背景にある。

3．電子商取引における既存法の対応

「電子商取引及び情報財取引等に関する準則」は，電子商取引や情報財取引等に関する様々な法的問題点について，民法をはじめ，関係する法律がどのように適用されるのかを明らかにすることにより，取引当事者の予見可能性を高め，取引の円滑化に資することを目的とする。インターネット等を利用した電子商取引の規模は，拡大傾向にあり，技術の発展などに伴いその形態も多様化している。さらに，インターネット上で流通する情報財を取引の対象とする経済行為も進められている。インターネット上での電子商取引は，誰でも，時間や場所の制限なく参加できる利点があり，その規模は拡大傾向にある。電子商取引の拡大に対応するための既存法の改正による法整備として，民法と証券取引法の特例に関する法律がある。

4　デジタル円の動向としては今現在日本では日本銀行が実証実験を開始している。日本銀行が必要と判断した場合に，民間実業者や消費者が実地に参加する形での実験を実施する予定である。また，制度設計面でも検討を深め，民間事業者との関係，個人情報の取り扱い，情報技術の標準化の在り方など，内外関係者と密接に連携しながら，検討を進めていく方針となっている。また，官民で実証実験の進捗や成果を共有して，共通認識のもとデジタル円の発行準備を進めていく方針となっている。

5　SWIFT とは，銀行間の国際金融取引に係る事務処理の機械化，合理化および自動処理化を推進するため，参加銀行間の国際金融取引に関するメッセージをコンピュータと通信回線を利用して伝送するネットワークシステムである。

（1）電子契約法

「電子消費者契約及び電子承諾通知に関する民法の特例に関する法律(電子契約法)」は，電子商取引における消費者の保護等を目的とする。本法は，消費者が行う電子消費者契約の要素に特定の錯誤があった場合および隔地者間の契約において電子承諾通知を発する場合に関し民法の特例を定めるものである（電子契約法１条)。電子消費者契約とは，消費者と事業者との間で電磁的方法により電子計算機の映像面を介して締結される契約であって，事業者またはその委託を受けた者がその映像面に表示する手続きに従って消費者がその使用する電子計算機を用いて送信することによってその申込みまたはその承諾の意思表示を行うものをいう（同法２条１項)。消費者とは個人をいい，事業者とは法人その他の団体および事業としてまたは事業のために契約の当事者となる場合における個人をいう（同法２条２項)。ただし，個人は，事業としてまたは事業のために契約の当事者となる場合におけるものが除かれる。本法には，事業者・消費者間の電子消費者契約における消費者の操作ミスによる錯誤に関して民法95条の特例措置（同法３条）が規定される。

（2）金融商品取引法

金融・資本市場をとりまく環境の変化に対応し，利用者保護ルールの徹底と利用者利便の向上,「貯蓄から投資」に向けての市場機能の確保および金融・資本市場の国際化への対応を図ることを目指し,「証券取引法等の一部を改正する法律」および「証券取引法等の一部を改正する法律の施行に伴う関係法律の整備等に関する法律」が公布されている。この法整備の具体的な内容は，大きく分けて，投資性の強い金融商品に対する横断的な投資者保護法制（いわゆる投資サービス法制）の構築，開示制度の拡充，取引所の自主規制機能の強化，不公正取引等への厳正な対応の四つの柱からなっている。その後，「証券取引法等の一部を改正する法律及び証券取引法等の一部を改正する法律の施行に伴う関係法律の整備等に関する法律の施行に伴う関係政令の整備等に関する政令」が閣議決定され，金融商品取引法に関する政令・内閣府令等が公表され，これらを含む金融商品取引法が施行されている。

本法は，有価証券の発行および金融商品等の取引等を公正にし，有価証券の流通を円滑にするほか，資本市場の機能の十全な発揮による金融商品等の公正な価格形成等を図ることによって国民経済の健全な発展および投資者の保護に資することを目的とする（同法１条）。そのために，企業内容等の開示の制度を整備するとともに，金融商品取引業を行う者に関し必要な事項を定め，金融商品取引所の適切な運営を確保するとしている。

本法では，投資型クラウドファンディングの利用促進を図っている（同法29条の４，29条の４の２，35条の３，43条の５関係）。クラウドファンディング（crowdfunding）とは，新規・成長企業などの事業者と資金提供者をインターネット経由で結び付け，多数の資金提供者から少額ずつ資金を集めるしくみである。

（３）特定商取引法

「特定商取引に関する法律（特定商取引法）」は，事業者による違法・悪質な勧誘行為等を防止し，消費者の利益を守ることを目的とする法律である（同法１条）。具体的には，訪問販売や通信販売等の消費者トラブルを生じやすい取引類型を対象に，事業者が守るべきルールと，クーリング・オフ等の消費者を守るルール等を定めている。本法の対象となる取引類型は，訪問販売，通信販売，電話勧誘販売，連鎖販売取引，特定継続的役務提供，業務提供誘引販売取引，訪問購入である。クーリング・オフとは，申込みまたは契約の後に，法律で決められた書面を受け取ってから一定の期間内に，無条件で解約することである。本法は，行政規制，民事ルールを規定する。

本法の対象となる取引類型のうち，通信販売は，事業者が新聞，雑誌，インターネット等で広告し，郵便，電話等の通信手段により申込みを受ける取引のことであり，インターネット・オークションも含むが，電話勧誘販売に該当するものは除かれる。なお，電子商取引では，クーリング・オフ制度は適用されない。電子商取引（ウェブ販売）に関しては，あるボタンをクリックすれば有料申込みとなることを容易に認識できるようにすること，申込みをする際に消費者が申込み内容を容易に確認し訂正できるようにすることが義務づけられており，その措置がないと行政処分の対象になる。電子メール広告について，電子メール広告を行うことに対する承諾をしていない消費者に対する電子メール広告は，原則禁止（オプトイン規制）である。

本法は，消費者と事業者との間のトラブルを防止し，その救済を容易にするなどの機能を強化するため，事業者による法外な損害賠償請求を制限するなどの民事ルールを定めている。また，事業者が不実告知や故意の不告知を行った結果，消費者が誤認し，契約の申込みまたはその承諾の意思表示をしたときには，消費者は，その意思表示を取り消すことを認められている。特定商取引法は，迷惑メール関連法である。

4．電子商取引における特別法の対応

電子商取引の拡大に対応するための特別立法による法整備がe-文書法と電子署名法，そして迷惑メール防止法である。

(1) e-文書法

e-文書法は,「民間事業者等が行う書面の保存等における情報通信の技術の利用に関する法律」と「民間事業者等が行う書面の保存等における情報通信の技術の利用に関する法律の施行に伴う関係法律の整備等に関する法律」という二つの法律からできている。

「民間事業者等が行う書面の保存等における情報通信の技術の利用に関する法律」は,民間事業者等に対して書面の保存等が法令上義務づけられている場合について,原則として当該書面に係る電磁的記録による保存等を行うことを可能にするための共通事項を定める等,所要の法整備がなされる。本法は,書面の保存等に要する負担軽減を通じて国民の利便性の向上,国民生活の向上および国民経済の健全な発展に寄与することを目的とし,電磁的記録による保存が容認される(同法3条)。民間事業者等は,保存のうち当該保存に関する他の法令の規定により書面により行わなければならないとされるものについては,当該法令の規定にかかわらず,主務省令で定めるところにより,書面の保存に代えて当該書面に係る電磁的記録による保存を行うことができる。電磁的記録による保存とは,当初から電子的に作成された書類を電子的に保存することおよび書面で作成された書類をスキャナでイメージ化し,電子的に保存することの両者を含む。保存を義務づける個別の法令ごとに,スキャン文書とする場合の改ざん防止や原本の正確な再現性の要請の程度が異なりうるので,電子的な保存の対象および方法等については主務省令で具体的に定めている。電磁的記録による作成,縦覧等および交付等が容認される(同法4条〜6条)。書面の保存の電子化容認の意義が失われないよう,民間事業者等は,保存に付随して行われる書面の作成,縦覧等および交付等のうち,法令の規定により書面により行わなければならないとされるものについても,電磁的記録により行うことができる。

「民間事業者等が行う書面の保存等における情報通信の技術の利用に関する法律の施行に伴う関係法律の整備等に関する法律」は，民間事業者等が行う書面の保存等における情報通信の技術の利用に関する法律（通則法案）の施行に伴い，通則法で包括的に規定する事項の例外事項，通則法のみでは手当てが完全でないもの等72本の法律について，所要の規定整備を行う。立入検査規定について，書面に加え，当該書面に係る電磁的記録も検査対象に含むようにする改正規定である。立入検査規定について，検査対象である書面を電磁的記録により保存した際には，書面に加え，当該書面に係る電磁的記録も検査対象に含む旨の規定について措置する。法令上書面による保存が義務づけられている文書について，電磁的記録による保存を認める場合，その文書の性質上一定の要件を満たすことを担保するために行政庁の承認等特別な手続きが必要である旨の規定について措置する。

（2）電子署名法

「電子署名及び認証業務に関する法律（電子署名法）」は，電子署名が手書きの署名や押印と同等に通用する法的基盤を整備する。なお，デジタル社会形成基本法に基づきデジタル社会の形成に関する施策を実施するため，押印を求める各種手続きについてその押印を不要とするとともに，書面の交付等を求める手続きについて電磁的方法により行うことを可能としている。認証業務のうち一定の基準を満たすものは，国の認定を受けることができる制度が導入されている。電子署名法は，電子署名に関し，電磁的記録の真正な成立の推定，特定認証業務に関する認定の制度その他必要な事項を定めることにより，電子署名の円滑な利用の確保による情報の電磁的方式による流通および情報処理の促進を図り，国民生活の向上および国民経済の健全な発展に寄与することを目的とする

(同法１条)。電子署名とは，電磁的記録に記録することができる情報について行われる措置であって，当該情報が当該措置を行った者の作成に係るものであることを示すためのものであることと当該情報について改変が行われていないかどうかを確認することができるものであることという要件のいずれにも該当するものをいう（同法２条１項)。

電磁的記録（電子文書等）は，本人による一定の電子署名が行われているときは，真正に成立したものと推定される（同法３条)。手書き署名や押印と同等に通用する法的基盤が整備される。電子署名が本人のものであること等を証明する認証業務に関し，一定の基準（本人確認方法等）を満たすものは国の認定を受けることができることとし，認定を受けた業務についてその旨表示することができることとするほか，認定の要件，認定を受けた者の義務等を定めている（同法４条～14条)。認証業務における本人確認等の信頼性を判断する目安が提供される。

（３）迷惑メール防止法

「特定電子メールの送信の適正化等に関する法律（迷惑メール防止法)」は，特定商取引法とともに迷惑メール関連法になる。それら法律は，迷惑メール（スパムメール）の規制が目的であり，架空アドレス宛の送信が禁止され，あらかじめ同意したものに対してのみ送信が認められる「オプトイン方式」が導入されている。本法は，一時に多数の者に対してされる特定電子メールの送信等による電子メールの送受信上の支障を防止する必要性が生じていることにかんがみ，特定電子メールの送信の適正化のための措置等を定めることにより，電子メールの利用についての良好な環境の整備を図ることによって高度情報通信社会の健全な発展に寄与することを目的とする（同法１条)。

電子メールとは，特定の者に対し通信文その他の情報をその使用する通信端末機器の映像面に表示されるようにすることにより伝達するための電気通信（電気通信事業法２条１号）であって，総務省令で定める通信方式を用いるものをいう（同法２条１号）。電子メールは，e-mailとも表記され，インターネットを介して情報を送受信するしくみの一つである。送信用のSMTP（Simple Mail Transfer Protocol）や，受信用のIMAP（Internet Message Access Protocol），POP3（Post Office Protocol version 3）など専用のプロトコルが使われる。メールの送受信を行うためには，複数の役割をもつメールサーバーが連携することが必要であり，SMTPとPOPの二つを合わせたものがメールサーバーである。広告または宣伝を行うための手段として送信をする電子メールが特定電子メールである（同法２条２号）。電子メールアドレスとは，電子メールの利用者を識別するための文字，番号，記号その他の符号をいう（同法２条３号）。そして，架空電子メールアドレスとは，多数の電子メールアドレスを自動的に作成する機能を有するプログラムを用いて作成したものであること，現に電子メールアドレスとして利用する者がないものであることのいずれにも該当する電子メールアドレスをいう（同法２条４号）。電子メール通信役務とは，電子メールに係る電気通信事業法２条３号に規定する電気通信役務をいう（同法２条５号）。

迷惑メール防止法は，特定電子メールの送信者にはその氏名・名称および住所等の一定事項の表示義務（同法４条）のほか，送信者情報を偽った送信（同法５条）や架空電子メールアドレスをそのあて先とする電子メールの送信（同法６条）などが禁止される。あらかじめ，その送信を求めたり送信したりすることに同意（オプトイン）した人，あるいは，送信者と取引関係にある人以外の人に特定電子メールを送信してはならない。また，受信拒否（オプトアウト）ができるようにしなければならない。そして，オプトアウトした人に，特定電子メールを再送信してはならないとする。

5．おわりに

信頼性のある自由なデータ流通の促進の先には電子商取引への移行があり，自由なデータ流通の促進の課題は電子商取引の課題と連結する。電子商取引は，直接商品や支払いのやり取りを行わない相手の見えない取引であるため，通常の取引よりもトラブルが生じやすい環境にある。また，個人情報をめぐるトラブルも多数生じてきている。消費者が安心して電子商取引に参加する環境づくりには，こうしたトラブルを未然に防ぎ，また，迅速に解決するしくみが不可欠となる。このようなしくみの実現を目指す取組みの一環として，経済産業省では，司法を補完する，ITを活用した簡便な紛争解決システム（Alternative Dispute Resolution : ADR）がある。

そして，インターネットは，容易に国境を越えた情報のやり取りを行うことができるものであるため，国境を越えた電子商取引（越境電子商取引）は，多額の投資を行わずに海外市場に進出する手段として活用が期待されている。しかしながら，インターネットによって海外との情報のやり取りは容易になるとしても，実際に越境電子商取引を行うためには，言語，文化，法制度の違い等，克服すべき課題が少なくない。そして，ユビキタス侵害等の対応が求められてこよう。電子商取引の行為には，個人情報保護法とマイナンバー法およびプロバイダ責任制限法も関与し，さらにセキュリティ面の対応が必要である。経済協力開発機構（OECD）においては，ネットワーク社会の発達に伴い，安全で信頼性の高い電子商取引の環境を整備する観点から1992年に「OECD情報セキュリティに関するガイドライン」（OECD Guidelines for the Security of Information Systems）が制定されている。また，電子商取引の行為には，情報倫理が求められる。

なお，マイニングは，サイバー攻撃の動機にもなる。マルウェアを侵入させて他人のパソコンを乗っ取り（ボット化し），遠隔操作によってマイニング用のツールを動作させ，他人のコンピュータ資源を使ってマイニング処理を行う。マイニングを目的とするサイバー攻撃は，個人情報流出とは結び付かないが，パソコンの動作を重くしたり，電気代を掠め取られたりしたり，マイニングのモチベーションを減退させることになる[6]。

参考文献・資料

(1) 増島雅和・堀天子編著『FinTech の法律』（日経 BP，2016年）

(2) 「電子商取引及び情報財取引等に関する準則」
https://www.meti.go.jp/press/2020/08/20200828001/20200828001-1

(3) 「国境を越える電子商取引の法的問題に関する検討会報告書」
https://www.meti.go.jp/policy/it_policy/ec/cbec/cbec_images/crossborderec_houkokusho.pdf

学習課題

1）暗号資産と中央銀行デジタル通貨の動向について調べてみよう。

2）自由なデータ流通に関する国際ルールの動向について調べてみよう。

3）電子商取引に関する法律について調べてみよう。

6　Coinhive 事件（不正指令電磁的記録保管被告事件）（最一判令和４年１月20日（令和２年（あ）457号））では，被告人は，本件プログラムコードにおいて，閲覧者の電子計算機の中央処理装置使用率を調整する値を0.5と設定した数値の場合，マイニングを実行すると，閲覧者の電子計算機の消費電力が若干増加したり中央処理装置の処理速度が遅くなったりするが，極端に遅くはならず，これらの影響の程度は，閲覧者が気づくほどではないとしている。

13 放送コンテンツのネット配信

《学習の目標》 通信は電気通信事業法に基づいており，放送は放送法に基づいている。しかし，放送コンテンツをネット配信する形態は，通信と放送とは不可分の関係にある。本章は，放送コンテンツのネット配信の法的対応について概観する。

《キーワード》 放送コンテンツ，電気通信事業法，放送法，情報通信法（仮称），放送機関に関する新条約案

1. はじめに

放送とネット同時配信は，規制改革推進会議で議論され，情報通信審議会が放送番組をインターネットで同時に配信するネット同時配信の検討を行い，「最終答申」が公表されている[1]。そして，日本放送協会（NHK）の放送番組を放送と同時にインターネットに流す常時同時配信を可能にする改正放送法が成立している[2]。あわせて，放送法の改正は，民放にも放送のネット同時配信への参入を促すことになり，民放キー局5局は2020年秋以降にネット同時配信へと促すものになっている。ただし，2020年3月からのNHKのサービス提供は，放送とネット常時同時配信ではなく，ネット同時配信には時間の制約が設けられている。また，NHKの同時配信は，番組の放送中でも，最初から視聴できる追い

1 情報通信審議会「視聴環境の変化に対応した放送コンテンツの製作・流通の促進方策の在り方（2016年10月19日付け諮問第24号）」について最終答申（2018年8月23日）。

2 放送法の改正は，NHKがインターネット活用業務の対象を拡大するとともに，NHKグループの適正な経営を確保するための制度を充実するほか，衛星基幹放送の業務の認定要件の追加を行うものである（矢部慎也・上原仁「放送法の一部を改正する法律」『情報通信政策研究』3巻1号（2019年）pp. 145-160）。

かけ機能が設けられ，いわゆる追いかけ視聴が可能である。NHK 常時同時配信は，見逃し番組配信も行う。そこで，NHK の配信番組は，パソコン，スマートフォン，タブレットといったネットに接続した端末で，ホームページ（HP）や専用のアプリ（NHK プラスアプリ）を使って閲覧する。放送コンテンツは，ダウンロードしたアプリによるネット配信の形態になる。ここに，放送とネット同時配信は，放送コンテンツの多様なネット配信のパターンを含む。

通信と放送は，それぞれ電気通信事業法と放送法で定義されるが，公衆送信との関連で著作権法でも定義される。我が国では，通信と放送の融合については，「情報通信法（仮称)」において基本的な考え方と基本理念および法体系の検討がなされ，国際的には世界知的所有権機関（WIPO）で「放送機関に関する世界知的所有権機関条約案（放送機関に関する新条約案)」の検討が継続中である。それらは，現実的に法律として施行され，条約として発効しておらず，放送とネット同時配信の法的な枠組みは明確ではない。放送とネット同時配信では，放送番組の無線放送と有線放送およびウェブキャスティング[3]の法整備が必要になる。本章は，通信と放送の融合の観点から，放送コンテンツのネット配信の法制度について概観する。

2. 電気通信事業法と放送法

情報通信ネットワークとウェブ環境では，通信と放送とは不可分な関係にある。我が国において，通信は電気通信事業法に基づいており，放送は放送法に基づいている。

3　ウェブキャスティングとは，公衆によって受信されることを目的とする有線または無線によるコンピュータ・ネットワーク上の音，影像，もしくは，影像および音，または，それらを表したものの送信であり，実質的に同時に公衆によって利用可能な番組を搬送する信号によるものをいう（放送機関の保護に関する条約に対するウェブキャスティングに関する附属書案2条（a)）。

(1) 電気通信事業法

電気通信事業法は，電気通信の健全な発達と国民の利便の確保を図るために制定された法律である。電気通信事業の公共性にかんがみ，その運営を適正かつ合理的なものとするとともに，その公正な競争を促進することにより，電気通信役務の円滑な提供を確保するとともに，その利用者の利益を保護するために，電気通信事業に関する詳細な規定が盛り込まれている（同法１条）。

電気通信とは，有線，無線その他の電磁的方式により，符号，音響または影像を送り，伝え，または受けることをいう（同法２条１号）。電気通信設備は，電気通信を行うための機械，器具，線路その他の電気的設備をいう（同法２条２号）。電気通信役務とは，電気通信設備を用いて他人の通信を媒介し，その他電気通信設備を他人の通信の用に供することをいう（同法２条３号）。電気通信事業は電気通信役務を他人の需要に応ずるために提供する事業をいい，電気通信事業者は電気通信事業を営むことについて，電気通信事業の登録を受けた者および電気通信事業の届出をした者をいう（同法２条４号，５号）。電気通信事業は，放送法118条１項に規定する放送局設備供給役務に係る事業が除かれる。電気通信業務は，電気通信事業者の行う電気通信役務の提供の業務をいう（電気通信事業法２条６号）。

本法では，検閲の禁止（同法３条）と秘密の保護（同法４条）が規定される。電気通信事業者の取扱い中に係る通信は，検閲してはならない。また，電気通信事業者の取扱い中に係る通信の秘密は，侵してはならない。そして，電気通信事業に従事する者は，在職中電気通信事業者の取扱い中に係る通信に関して知り得た他人の秘密を守らなければならないとある。それは，その職を退いた後においても，同様である。それによって，通信の秘密が保護されることになる。電気通信事業者の取扱い中に係る通信の秘密を侵した者は，２年以下の懲役または100万円以下の罰金に処され，電気通信事業に従事する者が通信の秘密を侵した場合は３年以下の懲役または200万円以下の罰金に処され，それらの未遂罪も罰せられる（同法179条）。

利用の公平から，電気通信事業者は，電気通信役務の提供について，不当な差別的取扱いをしてはならない（同法６条）。本法は，消費者保護ルールが充実・強化されている。具体的には，契約後の書面の交付義務，初期契約解除制度，不実告知等の禁止，勧誘継続行為の禁止，代理店に対する指導等の措置義務が導入されている。消費者自身にとって「契約後の書面の交付義務」，「初期契約解除制度・確認措置」が重要である。

①　契約後の書面交付義務

電気通信事業者は，電気通信サービスの契約が成立したときには遅滞なく，消費者に個別の契約内容を明らかにした書面（契約書面）を交付しなければならない。契約書面には，複雑な料金割引のしくみを図示することや，付随する有料オプションサービスについての記載等が義務づけられている。

②　初期契約解除制度・確認措置

契約から一定期間内に利用できる契約解除制度がある。「初期契約解除制度」または「確認措置」の対象である場合は，契約書面にその旨の記載がある。

初期契約解除制度とは，契約書面の受領日（一部例外的な場合あり）を初日とした８日が経過するまでの間は，契約先である電気通信事業者の合意なく，消費者の申出により電気通信サービスを契約解除できる制度である。対象は，光回線サービスや主な携帯電話サービス等である。また，事業者は契約解除までの期間のサービス利用料・工事費・事務手数料を消費者に請求することが可能であり，工事費・事務手数料については請求できる上限額が決まっている。

確認措置では，電波のつながり具合が不十分な場合と，事業者による説明等が不十分な場合は，消費者の申出により，携帯電話等の端末も含めて電気通信サービスが違約金なしで契約解除できる。したがって，消費者は，端末費用を負担する必要はない。

CA 問題や LINE 問題の対応として，デジタル社会の通信の安全と利用者保護の観点から，電気通信事業法の改正が検討されている。それは，個人情報である利用者情報の規制に関するものであり，①規制対象となる利用者情報，②電気通信事業者に対する利用者情報の取扱いに係る規律，③通信サービスの利用者情報の外部送信，④通信回線の機能を提供するクラウド事業者への事故報告，⑤利用者情報の保管先と委託先が対象になっている。①は，通信サービスの契約と利用登録した利用者情報に限定し，名前やユーザー名等を登録しないで使用するサービスの利用者情報は除外される[4]。そこには，いわゆるクッキーなどオンライン識別子に紐づけされた通信履歴，閲覧履歴，位置情報，アプリ利用履歴などは，利用者情報には当たらない。③は，ウェブサイトなどで利用目的を通知・公表していれば，同意やオプトアウト措置をとらなくともよいとされる。なお，②と④は見送り，⑤は議論継続となっているが，①から⑤は，何らかの形で反映される必要があろう。

（2）放送法

放送法は，放送を公共の福祉に適合するように規律し，その健全な発達を図ることを目的とする（同法１条）。法の目的のためには，放送が国民に最大限に普及されて，その効用をもたらすことを保障すること，

4　個人情報は，情報公開法と個人情報保護法，プロバイダ責任制限法と発信者情報，電気通信事業法の利用者情報，不正競争防止法の営業秘密（顧客情報），さらに著作権法の著作物にもなりうる。そのように，個人情報は各法での多様性を総合的にとらえる必要がある。

放送の不偏不党と真実および自律を保障することによって放送による表現の自由を確保すること，放送に携わる者の職責を明らかにすることによって放送が健全な民主主義の発達に資するようにすることという原則に従って放送をしなければならない。

放送とは，公衆によって直接受信されることを目的とする電気通信（電気通信事業法２条１号）の送信をいい，送信は他人の電気通信設備（同法２条２号）に規定する電気通信設備を用いて行われるものが含まれる（放送法２条１号）。基幹放送とは電波法の規定により放送をする無線局に専らまたは優先的に割り当てられるものとされた周波数の電波を使用する放送をいい，一般放送は基幹放送以外の放送をいう（放送法２条２号，３号）。放送事業者とは，基幹放送事業者および一般放送事業者をいう（同法２条26号）。民間事業者とは，日本放送協会または放送大学学園以外の基幹放送事業者を意味する。放送番組とは，放送をする事項の種類，内容，分量および配列をいう（同法２条28号）。

放送番組編集の自由があり，放送番組は，法律に定める権限に基づく場合でなければ，何人からも干渉され，または規律されることがない（同法３条）。放送事業者は，国内放送および内外放送（国内放送等）の放送番組の編集にあたっては，公安および善良な風俗を害しないこと，政治的に公平であること，報道は事実をまげないですること，意見が対立している問題については，できるだけ多くの角度から論点を明らかにしなければならない（同法４条１項）。放送事業者は，放送番組の種別および放送の対象とする者に応じて放送番組の編集の基準（番組基準）を定め，これに従って放送番組の編集をしなければならない（同法５条１項）。放送番組の種別とは，教養番組，教育番組，報道番組，娯楽番組等の区分をいう。放送事業者は，放送番組の放送後３カ月間は，放送番組の内容を放送後において審議機関または９条の規定による訂正もしくは取消しの放送の関係者が視聴その他の方法により確認することができるように放送番組を保存しなければならない（同法10条）。

① 日本放送協会（NHK）

NHK は，公共の福祉のために，あまねく日本全国において受信できるように豊かで，かつ，良い放送番組による国内基幹放送を行うとともに，放送およびその受信の進歩発達に必要な業務を行い，あわせて国際放送および NHK 国際衛星放送を行うことを目的とする（放送法15条）。NHK は，目的を達成するために，この法律の規定に基づき設立される法人とする（同法16条）。なお，NHK は，放送技術の開発のために，国立研究開発法人宇宙航空研究開発機構，国立研究開発法人情報通信研究機構等への出資ができる（同法22条）。

NHK は，国内基幹放送の放送番組の編集および放送にあたっては，国内放送等の放送番組の編集等に定めるところによるほか，豊かで，かつ，良い放送番組の放送を行うことによって公衆の要望を満たすとともに文化水準の向上に寄与するように最大の努力を払うこと，全国向けの放送番組のほか地方向けの放送番組を有するようにすること，我が国の過去の優れた文化の保存ならびに新たな文化の育成および普及に役立つようにすることによらなければならない。NHK は，広告放送が禁止される。ただし，放送番組編集上必要であって，かつ，他人の営業に関する広告のためにするものでないと認められる場合において，著作者または営業者の氏名または名称等を放送することは，妨げられるものではない（同法83条）。

② 放送大学学園（学園）

放送大学学園は，放送番組の編集等に関する通則等が適用されるが，番組基準，放送番組審議機関，番組基準等の規定の適用除外，広告放送の識別のための措置，候補者放送などは適用されない（放送法88条）。

学園は，総務大臣の認可を受けなければ，基幹放送局もしくはその放送の業務を廃止し，またはその放送を12時間以上休止することができない(同法89条１項)。NHK と同様に，学園は，広告放送が禁止される（同法90条)。なお，放送大学学園が運営する放送大学では，テレビ番組とラジオ番組およびオンラインによる授業が公衆送信されている。

放送法の改正は，放送のネット同時配信の公衆送信[5]とのかかわりと放送事業者の権利の在り方を規定するものではない。総務省の情報通信審議会の「最終答申」では，放送コンテンツの製作・流通の促進方策の在り方として，「モバイル端末・PC 向けのネット配信」と「放送事業者による同時配信に関する権利処理」が検討されている。放送コンテンツは，テレビ番組とラジオ番組の内容としてのコンテンツになる。ここで，コンテンツは，「コンテンツの創造，保護及び活用の促進に関する法律（コンテンツ基本法)」２条１項に定義されており，映画と音楽などでデジタルコンテンツになる。また，放送コンテンツは，映画の著作物であり，聴覚著作物を含む視聴覚著作物である。なお，放送コンテンツのネット配信は，公衆送信との関係において，通信と放送の融合において，国際的にも，国内的にも，明確になっていない。通信と放送の融合の観点とは，放送コンテンツのネット配信に向けた放送法と電気通信法との融合による情報通信法（仮称）の試みをいい，放送のネット配信における著作権法の公衆送信の規定との整合を図ることが指向される。

なお，ユーチューブやネットフリックスなど，インターネットを通じた動画配信サービスへの法規制が総務省の有識者会議で議論されている。放送局が，放送法や電波法に基づく免許制度や，番組編集に対する規律などの縛りを受ける一方で，同様に映像を視聴者に届ける動画配信サービスにはこのような規制がない。EU の「視聴覚メディアサービス指令（AVMSD)」では，両者を包含する「視聴覚メディア」として規

5　公衆送信とは，公衆によって直接受信されることを目的として無線通信または有線電気通信の送信を行うことをいう（著作権法２条１項７号の２)。

律が設けられている。AVMSDは，テレビジョン放送サービスとオンデマンド視聴覚メディア・サービスの規制をビデオ共有プラットフォーム・サービスへも適用するものである。その規制は，憲法で保障される言論・表現の自由の確保や有害コンテンツの対応に関するものであり，放送法4条と直接に関連づけられるものではない。それよりも，放送とネット同時配信では，ストリーミング視聴覚メディア・サービスとよぶべきものが存在し，その対応が優先されるべきである。オンデマンド視聴覚メディア・サービスとストリーミング視聴覚メディア・サービスは，ウェブキャスティングとして定義されるものである。ビデオ共有プラットフォーム・サービスが放送事業者と同様の取扱いの有無が明らかにされる中で，放送法4条とのかかわりが検討されることになろう。

3．情報通信法（仮称）

情報通信法（仮称）は，2006年1月から開催された総務省の「通信・放送の在り方に関する懇談会」を受けて同省が2006年8月に設置した「通信・放送の総合的な法体系に関する研究会」の「中間取りまとめ」（2007年6月）で提言された構想である。2010年の通常国会への法案提出を目指していたが，自由民主党から民主党への政権交代に伴い，情報通信法の立法化はなされていない[6]。情報通信法（仮称）の概要は，発展著しいブロードバンド化やデジタル技術等に対応するため，従来の「通信・放送というサービス分類と有線，無線で区分する通信・放送関連の9本の法律を「コンテンツ」，「プラットフォーム」，「伝送インフラ」の三つのレイヤー型法体系に再編し，「情報通信法」として一本化

6　総務省情報通信審議会のもとに設置された「通信・放送の総合的な法体系に関する検討委員会」の「中間論点整理案」（2008年）では「情報通信法」という言葉が消え，一本化ではなく「関係する法律の規定を再編成してできるだけ整理化・合理化」するという内容に変わっている。その理由を，同検討委員会は2009年8月26日付け答申「通信・放送の総合的な法体系の在り方」で「通信と放送は維持すべき法益や目的が異なるため」としている。

する」というものである。なお，通信・放送関連9法とは，放送関連4法（放送法，有線ラジオ放送法，有線テレビジョン放送法，電気通信役務利用放送法）と通信関連5法（電波法，有線電気通信法，有線放送電話法，電気通信事業法，NTT法）とされている。

デジタル社会において，情報通信インフラの構築の進展と伝送路の融合デジタル・IPによる技術革新による伝送路の融合が進められる。それは，メディアごとの物理的特性によって市場や利用形態が限定される「縦割り構造」からコンテンツとネットワークの自由な組合せが可能な「横割り型」のレイヤー構造への対応が必要になる。市場の大括り化による自由な事業環境整備により，従来の縦割りメディアを越えた横断的なビジネスモデルの構築による新サービス・新事業が創出される。また，整合性・統一性のある利用者保護対策として，デジタルディバイドや，メディアやサービス内容の相対化への実効性のある利用者保護策が必要になる。急速な技術革新への対応として，光化やIP化等の技術革新の進展がさらに加速している。そこで，ネットワークの国際化への対応として，情報通信のボーダレス化の進展と，インターネット上の違法・有害情報の問題，国際競争力強化の視点が必要である。そこで，通信・放送法制の抜本的な見直しが必要になるとする。

通信と放送の「縦割り」から「レイヤー構造」への転換は，世界最先端の法体系として「情報通信法（仮称)」として一本化が指向されている。通信・放送法制の見直しの基本的な考え方は，急速な技術革新に対応できる技術中立性を重視し，規制を緩和・集約化して事業者の自由で多様な事業展開を可能にし，情報通信に包括的に適用されるような利用者保護規定を整備することにある。見直しの基本理念は，情報の自由な流通，ユニバーサルサービスの保障，情報通信ネットワークの安全性・信頼性の確保にある。

コンテンツに関しては,「特別な社会的影響力」に重点を置いて,コンテンツ規律を再構成する。プラットフォームについては,オープン性を確保するための規律を,その必要性も含めて検討する。伝送インフラについては,伝送サービスは通信・放送の伝送サービス規律を統合し,伝送設備はサービス区分の大括り化など電波の柔軟な利用を確保する。なお,レイヤーを越えた統合・連携は原則自由とし,公正競争促進等の観点から必要最小限の規律の必要性を検討するとしている。

2010年12月3日に公布された「放送法等の一部を改正する法律」(平成22年法律第65号)では放送関連4法を放送法1本に統合し,通信関連法は有線放送電話法が電気通信事業法にされ,電波法と有線電気通信法が一部改正されるという形となっている。なお,NTT法ほか青少年インターネット環境整備法やプロバイダ責任制限法等は改正の対象外となっており,実質は関連8法を四つに再編したことになる。

4. 放送機関に関する新条約案

通信と放送の融合は,放送コンテンツの流通・利用に伴う法的整備になる。放送番組のインターネット同時配信等に係る権利処理の円滑化に関する制度改正は,権利制限規定の同時配信等への拡充,許諾推定規定の創設,同時配信等に係るレコード・レコード実演(被アクセス困難者)の報酬請求権化,リピート放送の同時配信等に係る映像実演(被アクセス困難者)の報酬請求権化,裁定制度の改善である[7]。ただし,その前に,放送番組のインターネット同時配信,放送コンテンツのインターネット配信の同期と非同期の公衆送信権等との関係の明確化が必要である。そのとき,ウェブキャスティングは,ストリーミングなのかオンデマンドなのか,それともストリーミングとオンデマンドなのかのと

7 著作権委員会「令和3年 著作権法改正案の検討経緯について:放送番組のインターネット同時配信等に係る権利処理の円滑化」『知財管理』71巻7号(通号847号)(2021年)pp. 961-973。

らえ方の違いがある。いずれにしても，インターネット放送は，オンデマンドの権利関係と権利処理の対応が求められてくる。1961年の「実演家，レコード製作者及び放送機関の保護に関する国際条約（ローマ条約)」に，放送の定義と放送機関の保護の規定がある。ローマ条約を継受するデジタル化・ネットワーク化をはじめとする情報関連技術の発達に対応する「実演及びレコードに関する世界知的所有権機関条約(WPPT)」とは別に，放送機関は「放送機関に関する新条約案」で検討されることになる。

WIPOでは，1998年11月以降著作権等常設委員会(SCCR)において，各国の提案を踏まえながらインターネット時代に対応した放送機関の権利の保護に関する新たなルールづくりの検討が行われている。これまでに何度か外交会議の開催について提案されてはいるものの，一部の途上国の慎重な姿勢や，各国の意見の隔たりにより，2007年には，条約採択のための外交会議の開催が提案されたものの，合意に至っていない[8]。「放送機関に関する新条約」の議論となっている主な論点として，保護の対象としてのウェブキャスティングの保護の当否（放送機関に関する新条約ベーシックプロポーザル案2条，3条）のほかに，利用可能化権の付与にあたっての固定物・非固定物の取扱い（同案12条），再送信権の付与に関する同期・非同期の再送信の保護（同案6条，11条），禁止権の取扱い（同案9条～12条），送信前信号の保護（同案13条）がある。

ウェブキャスティングに関するこれまでの議論では，欧米からそれぞれ提案がなされている[9]。米国は，海賊版対策の必要性から「ウェブキャスティング（インターネット放送）を行う者を放送条約の主体として位置づけるべきである」と主張する[10]。また，EUは，「放送機関が放

8　「放送機関の保護に関する条約の改訂基本草案　更新版（日本提案)」(SCCR/24/3）pp. 2-3。

9　中島芳人「WIPOにおける著作権関連の動きについて」『特技懇』280号（2016年）pp. 73-75。

10　「放送条約への対応のあり方」https://www.mext.go.jp/b_menu/shingi/bunka/gijiroku/009/05081001/001/002.htm。

送と同時にネット上でウェブキャスティングを行う場合には本条約の保護の対象とすべきである」と主張してきている。これに対し，我が国をはじめとする大部分の国は，「ウェブキャスティングは現在まだ実態も事業形態も明確ではないことから，本条約の対象とすることは時期尚早である」と主張してきた経緯がある。

我が国の著作権法では，著作隣接権を同時送信の放送と有線放送に対してのみ付与していることから，ネット同時配信において自動公衆送信は適合しないことになる。放送と有線放送はストリーミングになり，自動公衆送信はオンデマンドであることから，ネット同時配信がストリーミングとオンデマンドとどのような関係になるかが疑問になる。したがって，我が国は放送機関に関する新条約の動向を考慮して，ウェブキャスティングが放送と自動公衆送信との両者の関連性を見いだす必要がある。

5．おわりに

放送コンテンツのネット配信を進めるうえで，その形態のストリーミングとオンデマンドが公衆送信とどのように対応づけられ，整合をとるかの法的な対応がある。著作権法における公衆送信は，無体物の著作物の送信において無線と有線および技術的に分けえないストリーミングとオンデマンドとの区分けは不要なはずであり，ストリーミングとオンデマンドはともに放送コンテンツのダウンロードを伴う。ウェブキャスティングがアプリによってネット配信されるならば，ウェブキャスティングは，ストリーミングとオンデマンドを包含した公衆送信権等になり，公衆送信権等が複製権に統合化される。そして，通信と放送の融合の観点からは，放送とネット同時配信は，放送と自動公衆送信がウェブキャスティングとして情報通信に内包される関係になる。この想定は，テレビ番組をインターネットで同時に配信するネット同時配信の検討内容と同質のものになり，著作権制度の法整備の問題と情報通信制度の法整備や放送法改正の問題を検討するうえでの前提になる。

通信と放送の融合は，包括的なユビキタスネット法制がないままに進展している。AVMSDの規制は，ハードローの対応というよりも，放送倫理基本綱領に相当するものである。それは，放送大学学園法で設置および運営される放送大学学園（放送大学）に見いだせる。放送大学授業番組は，放送大学学園が制作・著作し，BSデジタル放送およびradiko.jpで放送される。それとともに，放送大学授業番組のインターネット配信やオンライン授業が進められている。オープンコンテンツでもある放送大学授業番組のコンテンツ送信は，通信と放送の融合によるソフトパワーの強化の一翼を担っている。インターネット放送は，ストリーミング形式とオンデマンド形式に分かれるが，またダウンロード形式がある。放送コンテンツのネット放送がウェブキャスティングとされるとき，「放送機関に関する新条約」においてウェブキャスティングは，ストリーミングとオンデマンドの検討対象であるが，ダウンロードとの関係も考慮される対象になる。

筆者らは，放送授業（テレビ授業とラジオ授業）と印刷教材とのメディアミックス・コンテンツの観点からウェブキャスティングコンテンツの開発を行っている[11]。放送コンテンツは，ダウンロードしたアプリによるネット配信の形態になる。本コンセプトは，放送コンテンツとアプリとを分離する。その経緯の中で，TV授業と印刷教材（テキスト情報）とを連携したものがあり，ラジオ授業の聴覚情報に視覚情報の台本（テキスト情報）等を付加して視聴覚化したものがある。上記の開発例をスマホアプリ活用によってウェブサーバーに置かれたコンテンツの公衆送信へ展開したものがウェブキャスティングコンテンツ開発のコンセ

11　児玉晴男・鈴木一史・柳沼良知「オンライン授業のコンテンツ開発とそのプラットフォーム」『情報科学技術フォーラム講演論文集・第4分冊』（2015年）pp. 149–152。

プトになる。なお，上記の開発例のコンテンツはダウンロード形式によるオンデマンド形式の提供であり，その視聴はストリーミング形式になる。ウェブキャスティングは，ストリーミングとオンデマンドとの両者の形式であることを前提にする。

参考文献・資料

(1) 鈴木秀美・山田健太編著『放送制度概論——新・放送法を読みとく』(商事法務，2017年)

(2) 児玉晴男「包括的なユビキタスネット法制における開示／不開示情報の構造とその権利の性質」『情報通信学会誌』28巻3号（2010年）pp. 1–12

(3) 「通信・放送の在り方に関する懇談会報告書（2006年6月6日)」
https://www.soumu.go.jp/main_sosiki/joho_tsusin/policyreports/chousa/tsushin_hosou/pdf/060606_saisyuu.pdf

(4) 「放送機関の保護に関する条約の改訂基本草案　更新版（日本提案)」(SCCR/24/3)
https://www.bunka.go.jp/seisaku/bunkashingikai/chosakuken/kokusai/h24_02/pdf/siryou1_5.pdf

学習課題

1）通信の概念と放送の概念について調べてみよう。

2）「情報通信法（仮称)」に関連する動向について調べてみよう。

3）「放送機関に関する新条約案」に関連する動向について調べてみよう。

14 サイバーセキュリティと情報倫理

《学習の目標》 サイバー空間ではサイバー攻撃の問題があり，またIT・ICTを活用するうえで情報倫理が問われている。本章は，デジタル社会におけるサイバーセキュリティおよび情報倫理とのかかわりから概観する。
《キーワード》 サイバースペース，サイバーセキュリティ，サイバーセキュリティ基本法，情報倫理，情報リテラシー

1. はじめに

サイバースペースという言葉が法学分野でも情報科学分野でも使われている。サイバースペースのサイバーの起源は，サイバネティックス，すなわち人間の神経系を情報システムととらえて通信と制御のしくみを解明する学問によっている。また，サイバースペースは，ギブソンが『ニューロマンサー』で表現した情報の世界観になる。それは，主に企業または軍隊に留まるものであり，情報管理社会を連想させる。ITが描くサイバースペースは，それらを形づくるコンピュータ，プログラミング言語，情報ネットワークの開発目的の経緯と同様に，デジタル社会の光と影の面を含んでいる。

サイバー空間は，インタラクティブ性（双方向性，対話型）のあるマルチメディアデータベースを情報共有財として，利用者の自由なアクセスが可能な社会制度の構築を指向している。そのとき，情報ネットワークを流通するコンテンツの信頼性，たとえば情報の改ざんや名誉毀損，

そして企業秘密や国家機密情報の漏えいが現実に問題となっている。その法的な対応として，情報に関する罰則の強化が図られるが，あわせて倫理（ethics）と道徳（morality）という規範も求められている。

サイバーセキュリティの面から，デジタル社会形成基本法とは別に，サイバーセキュリティ基本法が施行されている。また，デジタル社会における情報倫理が問われ，情報リテラシーの涵養がいわれる。本章は，サイバー空間の不正行為とサイバーセキュリティ基本法，情報倫理と情報リテラシーについて概観する。

2. サイバー空間の不正行為

サイバー空間の不正行為は，情報への信ぴょう性・不確実性・脆弱性などに加えられ，また情報の秘密性・機密性への不正なアクセスによってもたらされる。それらの行為は，有体物で組み立てられたしくみに対してデジタル対応が求められる。パソコンが再起動を繰り返したり，起動しなくなったり，あるいは，大切なデータが勝手に削除されたりするパソコンの破壊がある。そして，パソコン内のメールアドレスやパスワードなどの情報が勝手に収集され，外部に送信されてしまう意図しない情報漏えいがある。外部からパソコンを操作されることにより，多量の迷惑メール（スパムメール）を第三者に送信するなど，攻撃の踏み台にされるパソコンの遠隔操作がある。そのような不正行為は，ランサムウェアによる。ランサムウェアとは，感染したパソコンをロックしたり，ファイルを暗号化したりすることによって使用不能にしたのち，元に戻すことと引き換えに「身代金」を要求する不正プログラムのことであり，身代金要求型不正プログラムともよばれている。

情報の脆弱性に関しては，情報ネットワークとウェブ環境における不正行為として現れる。ファイル共有ソフトの提供やなりすまし行為

（遠隔操作）は，共同正犯か幇助かという責任の所在に関する境をあいまいにしている。それらの不正行為は，いわゆるコンピュータウイルスの感染を伴っている。それは，コンピュータのソフトウェアの脆弱性およびソフトウェアの攻撃に大別される。ソフトウェアの脆弱性とは，システムバグ，トラップドア（trapdoor），プログラムデータの改ざん（falsification），プログラムデータの破壊（destruction）などをいう。それらは，ソフトウェアに内在するバグ（瑕疵）とみなせるもので，情報という無体物の瑕疵の問題でもある。ソフトウェアの攻撃とは，故意にプログラムデータの改ざん，破壊を行うもので，いわゆるハッカーによる不正行為をいう。具体的には，有機体的，神話的，論理的な表現で与えられるウイルス（virus），ワーム（worm），トロイの木馬（Trojan horse），論理爆弾（logic bomb）などが知られている。

なお，サイバー空間の不正行為は，サイバー攻撃といった不正アクセスによるものばかりではない。CA問題やLINE問題が想起させる人間の行動に対する誘導である。新聞やテレビよりも，パソコンや携帯端末による情報ネットワークとウェブ環境から情報を得ることは，常態化している。その利便性は，世論形成に変化をもたらす。サイバー空間の世論形成における現象の一つとして，サイバーカスケード（cyber cascade）がある。特定のサイトや掲示板などでの意見交換では，ある事柄への賛否いずれかの論が急激に多数を占め，先鋭化する傾向をもつ。醸成された相互理解は，お互いの大いなる誤解から形成されるともいえる。新聞やテレビから得る情報についても同様の傾向があるにしても，ネット環境においては，情報の不確実性とともに，即座の世論形成という現象が問題となろう。

また，情報の信ぴょう性・不確実性にかかわる不正行為は，情報自体の故意による偽修正にある。たとえば写真は，デジタル化され，写真を撮影した後に修正可能であり，被写体のピントや明暗を自由に修正することができる。したがって，偽写真づくりは，デジタル写真合成によって，時間と技能をさほど必要としないで作ることができる。デジタル画像（image）は，その与えられている内容が，事実であるか，虚構であるかの識別をあいまいとさせている。デジタル写真合成は，映像についても，同様の懸念がある。ポスターや映画では，実と虚の合成によってプレゼンテーションされているものを見ることができる。画像情報のデジタル化は，過去１世紀以上の間，議論され認証された証拠写真の確実性を覆して，画像に写っている以外のことからその真偽を判断しなければならなくしている。ただし，このような現象は，すでにフィジカル空間に存在しているといえる。

3. サイバーセキュリティ基本法

サイバーセキュリティ基本法は，総則，サイバーセキュリティ戦略，基本的施策，サイバーセキュリティ戦略本部，罰則からなる（図14－1参照）。

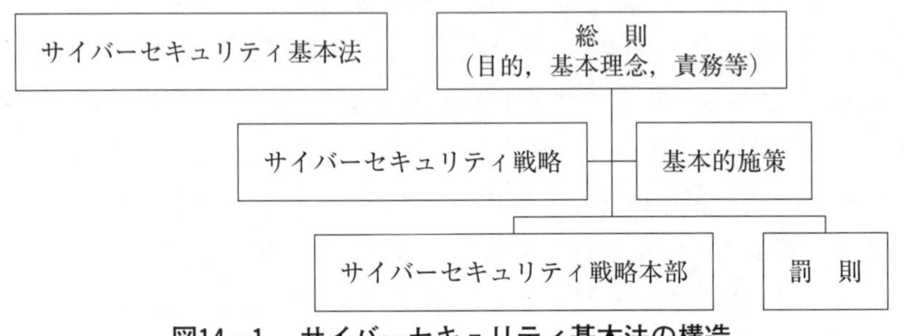

図14－1　サイバーセキュリティ基本法の構造

（1）総　則

サイバーセキュリティ基本法は，デジタル社会形成基本法と相まって，サイバーセキュリティに関する施策を総合的かつ効果的に推進し，国際社会の平和および安全の確保ならびに我が国の安全保障に寄与することを目的とする（同法1条）。サイバーセキュリティとは，電磁的方式により記録され，発信され，伝送され，受信される情報の漏えい，滅失または毀損の防止その他の情報の安全管理のために必要な措置ならびに情報システムおよび情報通信ネットワークの安全性および信頼性の確保のために必要な措置が講じられ，その状態が適切に維持管理されていることをいう（同法2条）。電磁的方式とは，電子的方式，磁気的方式その他人の知覚によっては認識することができない方式をいう。必要な措置には，電磁的記録媒体を通じた電子計算機に対する不正な活動による被害の防止のために必要な措置が含まれる。電磁的記録媒体は，情報通信ネットワークまたは電磁的方式で作られた記録に係る記録媒体をいう。

サイバーセキュリティに関する施策の推進にあたっての基本理念として，①情報の自由な流通の確保を基本として，官民の連携により積極的に対応すること，②国民一人一人の認識を深め，自発的な対応の促進等，強靱な体制を構築すること，③高度情報通信ネットワークの整備およびITの活用による活力ある経済社会を構築すること，④国際的な秩序の形成等のために先導的な役割を担い，国際的協調のもとに実施すること，⑤デジタル社会形成基本法の基本理念に配慮して実施すること，⑥国民の権利を不当に侵害しないように留意することが規定される（同法3条）。

サイバーセキュリティの施策推進の基本理念にのっとり，国，地方公共団体，重要社会基盤事業者（重要インフラ事業者），サイバー関連事業者，教育研究機関等の責務が規定される（同法４条～８条)。重要インフラ事業者とは，国民生活および経済活動の基盤であって，その機能が停止し，または低下した場合に国民生活または経済活動に多大な影響を及ぼすおそれが生ずるものに関する事業を行う者をいう。サイバー関連事業者とは，インターネットその他の高度情報通信ネットワークの整備，情報通信技術の活用またはサイバーセキュリティに関する事業を行う者をいう。そして，国民は，サイバーセキュリティの重要性に関する関心と理解を深め，サイバーセキュリティの確保に必要な注意を払うよう努めるものとする（同法９条)。そのために，政府のサイバーセキュリティに関する施策を実施するために必要な法制上の措置等（同法10条）と国のサイバーセキュリティに関する施策を講ずることについての行政組織の整備等（同法11条）が規定される。

(２) サイバーセキュリティ戦略

政府は，サイバーセキュリティに関する施策の総合的かつ効果的な推進を図るため，サイバーセキュリティに関する基本的な計画（サイバーセキュリティ戦略）を定めなければならない（サイバーセキュリティ基本法12条１項)。サイバーセキュリティ戦略は，サイバーセキュリティに関する施策についての基本的な方針，国の行政機関等におけるサイバーセキュリティの確保に関する事項，重要インフラ事業者およびその組織する団体ならびに地方公共団体におけるサイバーセキュリティの確保の促進に関する事項，その他サイバーセキュリティに関する施策を総合的かつ効果的に推進するために必要な事項を定める（同法12条２項)。内閣総理大臣は，サイバーセキュリティ戦略の案につき閣議の決定を求める（同法12条３項)。そして，政府は，サイバーセキュリティ戦略を策定したときは，遅滞なく，これを国会に報告するとともに，インターネットの利用その他適切な方法により公表する（同法12条４項）。

（3）基本的施策

国の行政機関，独立行政法人および特殊法人等は，サイバーセキュリティの確保に必要な施策を講ずるものとする（サイバーセキュリティ基本法13条）。サイバーセキュリティの確保に必要な施策は，サイバーセキュリティに関する統一的な基準の策定，情報システムの共同化，情報通信ネットワークまたは電磁的記録媒体を通じた国の行政機関の情報システムに対する不正な活動の監視および分析等になる。そして，重要インフラ事業者等におけるサイバーセキュリティの確保の促進（同法14条）と民間事業者および教育研究機関等の自発的な取組みの促進（同法15条）が規定される。なお，サイバーセキュリティに関する施策の取組みは，国が，関係府省相互間の連携の強化を図るとともに，国，地方公共団体，重要インフラ事業者，サイバー関連事業者等の多様な主体が相互に連携するとする（同法16条）。

国は，サイバーセキュリティに関する犯罪の取り締まりおよびその被害の拡大の防止のために必要な施策を講じなければならない（同法18条）。そして，国は，サイバーセキュリティに関する事象のうち我が国の安全に重大な影響を及ぼすおそれがあるものへの対応について，関係機関における体制の充実強化ならびに関係機関相互の連携強化および役割分担の明確化を図るために必要な施策を講ずるものとする（同法19条）。また，国は，産業の振興および国際競争力の強化（同法20条）と研究開発の推進等（同法21条），人材の確保等（同法22条），教育および学習の振興，普及啓発等（同法23条），国際協力の推進等（同法24条）について必要な施策を講ずるとする。

(4) サイバーセキュリティ戦略本部

サイバーセキュリティ戦略本部を内閣に置かれること等が規定されている（サイバーセキュリティ基本法25条～37条）。サイバーセキュリティ戦略本部は，サイバーセキュリティ戦略本部長，サイバーセキュリティ戦略副本部長およびサイバーセキュリティ戦略本部員をもって組織される（同法27条）。そして，サイバーセキュリティ戦略本部長およびその委嘱を受けた国務大臣，サイバーセキュリティに関する施策の推進に関し必要な協議を行うため，サイバーセキュリティ協議会を組織する（同法17条）。

サイバーセキュリティの研究開発は，民生用と軍事用のどちらにも利用できるデュアルユースであり，知的財産権管理と情報管理のもとに推進されることになろう。また，サイバーセキュリティは，国際協力のもとに進められるものであっても，経済安全保障とのかかわりからは独自の対応が求められる。なお，サイバーセキュリティをサイバー空間とフィジカル空間とが高度に融合させたシステムからいえば，サイバーセキュリティのサイバー空間は，フィジカル空間における電力・エネルギーによって維持されているという根源的な問題がある。

4．情報倫理

倫理と法は，本来，相互に入り込むものではない。しかし，倫理も法も道徳規範にかかわりをもち，倫理が内面的な規範であるのに対し法は外面的な規範であり，本人の意志にかかわらず強制されるという特色に注目しうる。デジタル社会における安全で安心な情報流通のためには，プライバシー，情報セキュリティ，知的財産権，情報リテラシーがかかわる。それらは相互に関係をもち，プライバシーと情報セキュリティおよび知的財産権は情報倫理に含まれる。

（1）プライバシー

個人情報の保護，プライバシーの確保，適正な撮影の確保などの他者の人格とプライバシーは，尊重されなければならない。依頼者との契約や合意は尊重され，依頼者の情報は守秘義務がある。情報の信頼性は，まったく同じ情報であっても，受ける者によって違いが出てくる。現場を知らなければフィクションであっても，その現場が身近なら限りなく現実的な出来事に見えてくる。たとえ同じ情報であっても，見たり聞いたりする者によって異なった情景を見せることになる。逆に，現場を見聞しなくても，種々の情報から，現場の状況をある意味では現実的にとらえることもできる。このような点から，情報の瑕疵や脆弱性が，情報の信頼性やプライバシーの侵害といった問題を顕現することになる。

クラウドサービスは，個人情報や企業情報を保有する者が自ら外部組織に提供することになる。当然，個人情報保護や守秘義務の対象になる。しかし，簡易ブログに書き込んだ内容は個人情報ではないとのとらえ方がある。また，顧客情報，企業情報がそれら情報を補完する者からの不注意からだけでなく，ハッキングによる意に沿わない漏えい事件が多発している。それらは，情報のオープン性とクローズ性との多面的な対応が必要になる。

情報ネットワークとウェブ環境における情報の繰り返しや拡散の機能が情報倫理の課題の要因になる。SNSへ寄稿された内容の一部を入れ替えたものが，サンプリングされ，繰り返し利用されていくことによって，その言説が固定化されていく。このことは，フィジカル空間の一対一のコミュニケーションが多対多の複雑性をもちながら規模が拡大される。そして，意識的に知覚されない内容こそ，かえって知覚された情報より重要なことがある。また，ビッグデータの活用から，OECDプライバシー8原則とは別な判断として，個人情報の匿名加工情報がある。

また，プライバシー権に関しては，表現の自由の競合する価値との調和が必要になる。情報の自由な流れは，人権・人格権・プライバシー保護という競合する価値との調和が必要になる。また，顧客情報である個人情報は，人格的価値とともに営業秘密として経済的価値を有しており，知的財産権とのかかわりからの対応も必要になる。

（2）情報セキュリティ

情報セキュリティは，制御システム，ウイルス（ボット）対策，不正アクセス対策，脆弱性対策がある。それらの対策は，なりすましメール，ファイル共有ソフトなどによる情報漏えい，パソコンやサーバーの脆弱性，情報摂取を目的としたウェブサイトへのサイバー攻撃などになる。情報セキュリティの維持は，ネットワークの安全確保，不適切な利用の回避，セキュリティ技術の開発が必要である。

情報セキュリティは，情報の機密性（confidentiality）と完全性（integrity）および可用性（availability）を維持することである。機密性とは，情報へのアクセスを認められた者だけが，その情報にアクセスできる状態を確保することである。完全性とは，情報が破壊，改ざんまたは消去されていない状態を確保することである。可用性とは，情報へのアクセスを認められた者が必要時に中断することなく情報および関連資産にアクセスできる状態を確保することである。さらに，真正性，責任追跡性，否認防止および信頼性のような特性を維持することが含まれる。その真正性とは，情報システムの利用者が，確実に本人であることを確認し，なりすましを防止することである。情報セキュリティポリシーは，情報の機密性や完全性，可用性を維持していくために規定する組織の方針や行動指針をまとめたものである。

情報セキュリティの対応は，情報システムや通信ネットワークの運用規則を遵守し，情報通信技術がもたらす社会やユーザーへの影響とリスクについて配慮するものでなければならない。なお，ソフトウェアの欠陥を狙ったコンピュータウイルスの侵入防止などを理由として，ソースコードの開示を求めることがある。ソースコードは企業の重要な知的財産であり，ソースコードが流出すれば開発成果を他社に利用される懸念がある。ソースコードの開示は，企業秘密の損失だけでなく，国家機密の漏えいにつながる可能性もある。情報セキュリティは，プライバシーと知的財産権または企業秘密と国家機密情報とのかかわりからの対応が求められる。

(3) 知的財産権

知的創造に関しては，公正と誠実を重んじ，他者の知的財産権と知的成果は尊重されるべきものであり，事実やデータが尊重されるべきことになる。e-Japan戦略と知的財産戦略大綱，その後の情報政策において，著作権等の情報技術による権利保護，優良なコンテンツの制作・流通を促進するための施策，著作権等の権利処理の円滑化のためのシステム・ルールの整備，ネット上の著作権契約システムの確立が例示される。

SNSの情報の表示の一部は，コンテンツのコピー・アンド・ペーストによりなっている。その複製が反復されるプロセスをたどることによって，サイバー空間のコンテンツのオリジナリティや利活用に関して固有な問題が生じる。

コンテンツは，著作物として著作権法のカテゴリーでの対応になっている。ところが，著作物が電子ジャーナル・電子書籍で制作されるとき国際標準規格が関係し，また著作物を伝達する行為がITによりなされるとき，別な対応が必要になる。コンテンツがソフトウェアなどの技術情報であるとき，知的財産法のカテゴリーでの対応が必要になる。ソフトウェアは，著作権法で規定される著作物と，特許法で規定される機械装置の二つの面をもつ。そして，ソフトウェアは，商標の表示される物品・役務として想定され，一体化して流通する。また，ソフトウェアで表示される表現物は，視聴覚著作物の対象になり，意匠やパブリシティ，キャラクターを含むことがある。さらに，ソフトウェアのソースコードは営業秘密の対象となる。

情報ネットワークとウェブ環境において著作権・知的財産権の保護が交差するとき，コンテンツの創造・保護・活用において，他者の創意工夫や成果のオリジナリティの尊重からいえば，財産権の面のもう一つの面である人格権にも配慮しなければならない。そして，情報の自由な流通に関しては，著作権・知的財産権の制限とかかわりをもつ。

情報倫理の必要性がいわれるのは，フィジカル空間における情報の伝達に伴って必ず生起する問題である。一般に，人間秩序の維持に反し，または他人の価値を害する場合には，それを抑止する必要があるとする。その方向づけに対し，表現の自由の面からの揺り戻しがある。情報倫理の課題は，サイバー空間とフィジカル空間との接点が抱えている問題である。

（4）情報リテラシー

情報教育の目的は，コンピュータやネットワークを使う技能の修得とともに，氾濫する情報の中から有用な情報を選択し，自らが主体的に情報を発信する能力を育成することにある。この能力のことを情報活用能力という。この概念は1986年の臨時教育審議会第二次答申においてはじめて用いられている。情報活用能力は，「読み，書き，算盤」と並ぶ基礎・基本と位置づけられたことより，情報リテラシーと同義に限定的に用いられている。情報リテラシーは，information literacy の翻訳による。データサイエンスにおいては，データを適切に読み解く力を養い，データを適切に説明する力を養い，データを扱うための力を養うためのデータリテラシーの涵養がいわれている。

一般にリテラシーに対比される概念に，オラリティ（orality）がある。前者が文字の文化や書き言葉の世界を意味するのに対し，後者は声の文化や即興的で一過性の話し言葉の世界を意味する。オング（Walter Jackson Ong）は，口頭伝承の時代の文化を一次的なオラリティとし，書くこと（筆写術）および印刷の時代の文化をリテラシーととらえ，エレクトロニクスの時代を二次的なオラリティと位置づけられるという。リテラシーと二次的なオラリティは印刷技術によるリアル世界と IC・ICT によるイマジナリー世界と連動し，情報ネットワークとウェブ環境の SNS や携帯電話などはオラリティと親和性がある（図14－2参照）。Society5.0のサイバー空間（仮想空間）とフィジカル空間（現実空間）を高度に融合させたシステムのとらえ方からいえば，著作権・知的財産権とのかかわりで経済的価値を与えるのが情報リテラシー・データリテラシーであり，情報倫理とのかかわりで社会的な価値を付与するのが情報オラリティ・データオラリティになろう。

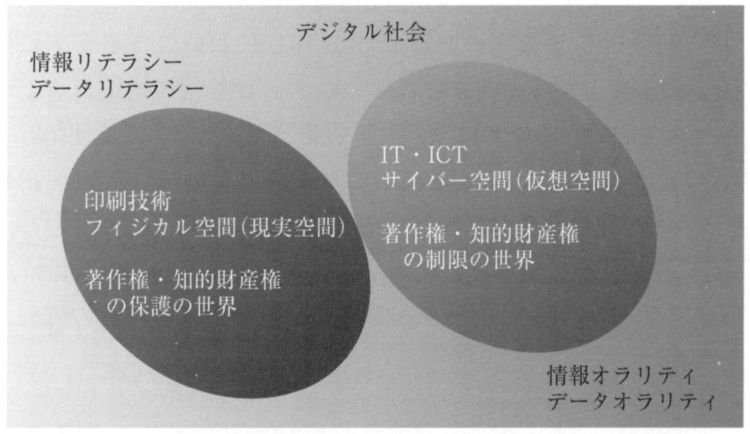

図14－2　デジタル社会のリテラシーとオラリティとの関係

情報活用能力と創造性とは，少なくとも，同時に関連づけられることはない。情報活用能力と創造性の二つの関係は，情報教育において，明確な区別が必要になろう。この関係は，著作権・知財教育と情報活用能力および情報倫理教育と創造性とが対概念となって形成される。創造性は，情報の創造を保護するしくみから直接に導き出されるものではなく，情報を自由に活用できる環境から育まれる。ただし，情報を自由に活用できる環境では，他者が創作し制作した情報を活用するうえで，倫理的な対応が求められる。情報活用能力を涵養するための教育は，著作権・知財教育と情報倫理教育を情報リテラシー・データリテラシーと情報オラリティ・データオラリティと対応づけて整理することができる。

情報リテラシー・データリテラシーにおいて著作権・知財教育が適合し，情報オラリティ・データオラリティにおいては情報倫理教育が適合するという二つの観点がソーシャルメディアにおいて関連する。なお，「情報処理学会倫理綱領」と「電子情報通信学会行動指針」は，ACM（Association for Computing Machinery）とIEEE（The Institute of Electrical and Electronics Engineers, Inc.）を参考にして制定されている。著作権の保護のしくみが日米で異なっているように，倫理の考え方も各国で多様性がある。倫理綱領の適用についても，法理と同様のことがいえる。

なお，AIへの倫理遵守の要請として，EUにおいてロボットに法的人格を認めようとする動向を参考にして，AIが社会の構成員またはそれに準じるものとなるためには，人工知能学会員と同等に倫理指針を遵守できなければならないと規定している（人工知能学会倫理指針9条）。その人工知能学会倫理指針9条の規定は，将来のこととしながらも，AIに自然人を擬制する法的人格を想定している。この関係は，AIによる人工物に，AIに自然人を擬制して，たとえば著作者の権利または実演家の権利が帰属することに対応するものである。

5．おわりに

サイバーセキュリティに関する問題は，ハードローによって規制される。ハードローは，国家，自治体，企業，個人に対して強制力をもつ規則である。法は英訳するとLawであり，Lawは漢字表記すると法になり，Lawの意味は真理を追求することになる。他方，灋（古字）の意味は，「一角獣（空想上の動物）が真っ直ぐでない物をその角で除いて水面のように平らにして公平を保つ」になる。たとえばファイル共有ソフトWinny事件は，法と倫理が交差する問題でもある。そうすると，ユビキタス侵害がいわれているが，その法的な対応はハードローだけでなく，倫理綱領によるソフトローによる対応も必要である。ソフトローとは，権力による強制力はないが，違反する行為によって，経済的・道義的な不利を国家，自治体，企業，個人にもたらす規範である。

情報の適切な活用の仕方は，著作権制度の枠内で行う必要がある。一方，創造的な面では，著作権の適用除外（権利の制限）において展開される。オープンコンテンツは，創造的な活動の促進になる。情報教育における著作権と情報倫理は，情報の所有と情報の共有に対応づけられる。この関係は，我が国の社会制度との関連からいえば，情報リテラシー・データリテラシーと情報オラリティ・データオラリティとの二重性でとらえることが必要になろう。

情報ネットワークとウェブ環境における情報のコピー・アンド・ペーストの操作は，情報の利用と情報の使用の区分けをあいまいにしている。この点にリテラシーとオラリティとの相互の作用による著作権問題の要因があろう。その対応は，①サイバー空間とフィジカル空間との界面で生じる情報の電子的な複製に関する合理的なルール，②情報の全体的な利用と部分的な利用との調整，③情報の経済性と公共性との同時的な調整に関する社会制度の構築の解決が不可欠である。情報教育における著作権・知的財産権と情報倫理は，上の三つの課題の解決を与える観点が求められる。ただし，サイバーセキュリティが安全保障や経済安全保障にかかわるとき，それがたとえ知的財産権侵害であっても，情報倫理の範ちゅうを超えて，ハードローの特別な判断が求められる。

参考文献・資料

(1) 内閣サイバーセキュリティセンター
https://www.nisc.go.jp/
(2) 「電子情報通信学会行動指針」
https://www.ieice.org/jpn/about/code2.html
(3) 「情報処理学会倫理綱領」
https://www.ipsj.or.jp/ipsjcode.html
(4) 児玉晴男「情報教育における著作権と情報倫理のメディア環境」『情報通信学会誌』21巻1号（2003年）pp.79-86
(5) Winny 事件（著作権法違反幇助被告事件）
https://www.courts.go.jp/app/hanrei_jp/detail2?id=81846

学習課題

1）サイバー攻撃の事例について調べてみよう。
2）各国の学会等の倫理綱領を調べてみよう。
3）Winny 事件（著作権法違反幇助被告事件）を調べてみよう。

15 オープンデータ利活用とオープンイノベーション

《学習の目標》 情報のオープン化がいわれている。そのオープンデータ利活用は，オープンイノベーションの促進とかかわりをもつ。本章は，オープンデータを利活用し，オープンイノベーションへと展開するための法的な対応を概観する。

《キーワード》 オープンサイエンス，オープンデータ，オープンソース，オープンコンテンツ，オープンイノベーション

1. はじめに

第四次産業革命が喧伝される中，オープンサイエンスとオープンイノベーションという文言が頻出する。オープンサイエンスは，オープンデータの利活用に関連し，オープンアクセスと研究データのオープン化を含む概念である[1]。そして，オープンアクセスとは，「ブダペスト宣言」(2002年2月14日) では「インターネット上で論文全文を公開し，無料で自由にアクセスできる」と定義される[2]。

また，オープンイノベーションとは，企業が研究開発を行う際に，他社が開発した技術を特許のライセンシング（実施許諾）や企業そのものの買収などによって導入することや，他社に自社の知的財産権を使わせ

1　総合科学技術・イノベーション会議「第5期科学技術基本計画」(2016年1月22日) p. 32。

2　「ブダペスト宣言」は，ブダペスト・オープンアクセス運動（Budapest Open Access Initiative : BOAI）によって提唱され，オープンアクセスの定義とそれを実現する手段として研究者によるセルフアーカイビングとオープンアクセスジャーナルという二つの戦略を推奨している。

て，新しい製品等を開発させることであり，イノベーションに関する概念の一つである[3]。オープンサイエンスでは，研究データ，ソースコード，学術論文のオープン化の促進がいわれている。その背景に，インターネットを活用し研究データを一般の人に公開することで，科学研究を効率的に発展させるオープンサイエンスの動きがある。そして，オープンイノベーションは，オープン＆クローズ戦略による知的財産戦略になる。

オープンサイエンスとオープンアクセスを進めるための技術的な対応として，国際標準化が必要である。そして，欧米の法制度を背景とするオープンサイエンスとオープンアクセスに対しては，我が国の社会制度や文化を背景とする我が国の法制度との整合が求められよう。それは，「デジタル社会の形成に関する重点計画」におけるオープンデータの利活用と「知的財産推進計画」におけるオープンイノベーションとを関連づける。本章は，オープンデータの利活用をオープンアクセスの対象であるオープンデータ，オープンソース，そしてオープンコンテンツを合理的に利活用することに拡張し，それらの利活用によってオープンイノベーションへ展開するための法的な対応について概観する。

2．オープンサイエンスとオープンアクセスの法的な課題

オープンサイエンスを進めるためには，オープンアクセスの対象の研究データ・ソースプログラム・コンテンツの充実が伴う。オープンアクセスは，政府および公的助成機関，研究者，大学・研究機関，学協会，出版社，大学図書館の多くの関係者の協同で成り立つ。それらにかかわる者や機関は，オープンサイエンスとオープンアクセスを産官学で進めるプレイヤーである。

オープンサイエンスとオープンアクセスを産官学で進めるプレイヤー

3　Henry William Chesbrough, *Open Innovation : The New Imperative for Creating and Profiting from Technology*. Harvard Business School Press. 2003, pp.56–57.

の中には，オープン性とは相反する立場からかかわりをもつプレイヤーが同時に関与することになる。オープンアクセスの対象の法的な関係の検討は，オープンサイエンスを進めるうえで，オープンアクセスされる対象のクローズとオープンとの関係性，たとえば権利の保護と権利の制限との関係性が明らかにされなければならない。研究データやコンテンツに創作性または有用性があれば，知的財産として知的財産権が発生しうる（知的財産基本法２条１項，２項）。さらに，コンテンツ制作に関しては，コンテンツに係る知的財産権の管理が伴う（コンテンツ基本法２条２項）。

オープンアクセスの対象のオープンデータ・オープンソース・オープンコンテンツは，無償提供が前提になっており，それぞれ定義や規約がある。ただし，それらは，我が国の法制度に基づくものとはいえないことから，我が国の法制度との整合がとられているとはいえない。しかも，たとえばソフトウェアは，著作物であり，発明でもあり，ソースコードは営業秘密になる。そうすると，オープンデータ・オープンソース・オープンコンテンツは，著作物と発明および営業秘密に関連し，クローズデータ・コード・コンテンツとの関係もある。オープンサイエンスとオープンアクセスの法的課題は，オープンアクセスの対象に対する法的な対応になる。それは，オープンデータ・オープンソース・オープンコンテンツの定義や規約に対して，我が国の法制度に整合するオープンアクセスの対象の権利，権利の制限，権利の帰属，そして権利処理の関係を明らかにすることである。それがオープンイノベーションへ展開するうえでの法的な対応になる。

3．オープンアクセスの対象

オープンアクセスの対象は，それぞれ研究データ，プログラム，電子ジャーナル・電子書籍（論文・書籍）などのデジタル化されたものである。それらがオープンデータ，オープンソース，そしてオープンコンテンツであり，それぞれ定義や規約がある。

（1）オープンデータ

日本学術会議は，「研究データのオープン化」と「データ共有」のあるべき姿をまとめている。そこでは，研究分野を超えた研究データの管理およびオープン化を可能とする研究データ基盤の整備，研究コミュニティでのデータ戦略の確立，データ生産者およびデータ流通者のキャリア設計などについての提言がまとめられている。オープンアクセスの対象に研究データやそれによる学術論文がある。それらは，公的資金を得て実施された研究成果のオープン化に連動している。たとえば大学のデータ駆動型学術研究を加速するために，オープンサイエンスにおける研究データのオープン化がいわれ，オープンサイエンスにおけるオープンデータのテーマが取り上げられている。それは，これからの科学方法論に絡む様々な問題と施策に関係する。学術論文や学位論文等は，原則として，オープンコンテンツである。例外としては，臨床心理学系の学位論文は，個人情報との関連でクローズ性を有している。また，研究データのオープン化は，論文の捏造・改ざん問題とも関係している。

オープンデータは，オープンデータの定義（Open Definition）によれば，誰でも自由に利用することができ，再利用や再配布も自由に行うことができるデータのことである。オープンデータの定義は，オープンなライセンスを規定する。オープンなライセンスの必須となる許諾事項として，利用（use），再頒布（redistribution），改変（modification），分割（separation），編集（compilation），差別条項の禁止（non-discrimination），伝播（propagation），利用目的制限の禁止（application to any purpose），料金領収の禁止（no charge）の規定がある。オープンなライセンスの付帯許容条項として，帰属情報表示（attribution），完全性の維持（integrity），継承（share-alike），注記（notice），元データ提示（source），技術的な制限の禁止（technical restriction prohibition），非侵害（non-aggression）が規定される。総務省の「オープンデータ戦略の推進による定義」は，オープンデータの定義に準拠する。オープンデータの研究データは，研究データを生み出す者と機関に関して研究データに発生する権利が帰属しており，その権利は第三者により研究データが利活用された派生物に対しても及ぶ。その関係は，派生物に対しても同様になり，多重の入れ子になる。その入れ子は，権利の帰属の多重性になる。

また，オープンデータとの関連で，著作物性のないデータの自由な利用が当然のようにいわれることがある。事実，創作性のないデータベースは，一般的には，著作権法では保護されない。ただし，データの収集は，無償でなされるものではない。勝手に，抽出（extraction），再利用（reutilization）ができるとすることに，公平性の見地からの説明はできない。そこで，データベース製作者の投資保護の面から，創作性のないデータの編集物に係る権利として *sui generis* 権が認められている（データベースの法的保護に関する1996年３月11日の欧州議会及び理事会指令（96/9/EEC）６条，７条）。創作性のないデータの編集物は，著作権・著作隣接権，不正競業の枠内に拘束されない権利として提案される。

「世界最先端 IT 国家創造宣言」では，ビッグデータとともに，オープンデータの活用の推進がうたわれている。オープンデータにパーソナルデータが含まれるとき，個人情報の法的な対応が求められる。さらに，研究データの使用にあたっては，著作物性や特許性，さらに企業秘密と国家機密情報，さらに研究倫理とのかかわりからの検討を要しよう。そうすると，オープンデータとされる研究データであっても，企業秘密や国家機密情報と判断される研究データおよびその関連論文は，全体的か部分的かを問わず，クローズ性の対象になる。

(2) オープンソース

オープンソースは，ソフトウェアのソースコードを無償で公開するものである。オープンソースの定義（The Open Source Definition : OSD）では，オープンソースとは，単にソースコードが入手できるということだけを意味するのではない。オープンソースライセンスが満たすべき条件として，①再頒布の自由，②ソースコード，③派生ソフトウェア（derived works），④原著作者のソースコードとの区別（integrity），⑤特定人物・集団に対する差別の禁止，⑥使用分野（fields of endeavor）に対する差別の禁止，⑦ライセンスの権利配分，⑧ライセンスは特定製品に限定してはならない，⑨ライセンスは他のソフトウェアを制限してはならない，⑩ライセンスは技術中立（technology-neutral）でなければならない，という要件がある。

オープンソースは，フリーソフトウェアと関連する。フリーソフトウェアは，利用者の自由とコミュニティを尊重するソフトウェアを意味し，そのソフトウェアを，実行，コピー，配布，研究，変更，改良する自由を利用者が有することを意味する。GNU（GNU's Not UNIX）は，UNIX 互換のソフトウェア環境をすべてフリーソフトウェアで実装するプロジェクトである。1984年，マサチューセッツ工科大学（MIT）人工知能研究所のリチャード・ストールマン（Richard Stallman）がGNU運動を開始し，ソフトウェアを複製する自由，使用する自由，ソースプログラムを読む自由，変更する自由，再配布する自由を唱えている。フリーソフトウェアは自由の問題であり，値段の問題ではない。この考え方を理解するには，ビール飲み放題（free beer）ではなく，言論の自由（free speech）になる。また，フリーソフトウェア開発では，特許などの知的財産権の保護が十分検証されていない。ソフトウェアの使用は，著作権の制限だけでなく，特許権の制限との関係が生じる。

オープンソースには，TRON（The Real-time Operating system Nucleus），Linuxなどがある。それらは，一般に無料で公開される。TRONの普及，啓蒙などは，トロンフォーラムが担っている。また，Linuxの普及，保護，標準化を進めるために，オープンソースコミュニティに資源とサービスを提供する機構としてLinux Foundationが設立されている。ソフトウェア（ソースコード）は，知的財産を横断する。したがって，ソフトウェア（ソースコード）自体がオープン性とクローズ性との二重性の関係がある。

(3) オープンコンテンツ

オープンコンテンツは，オープンソースから類推されて生まれた概念である。オープンコンテンツは，狭義の学術情報として，電子ジャーナルとして提供される。また，オープンコンテンツは，論文の内容をリライトして，広義の学術情報として，電子書籍で提供されることもある。オープンコンテンツに，クリエイティブ・コモンズ（Creative Commons）がある。クリエイティブ・コモンズとは，著作物の適正な再利用の促進を目的として，著作者が自らの著作物の再利用を許可するという意思表示を手軽に行えるようにするための様々なレベルのライセンスを策定し普及を図る国際的プロジェクトおよびその運営主体である。クリエイティブ・コモンズは，著作物の公開における活動である。このアイディアは，作家やクリエイターたちが自分たちのコンテンツに自由を与えるマークを付するシンプルな方法の定義にある。その規約は，Creative Commons License（CC ライセンス）に準拠する。その基本ライセンスは，①帰属（attribution），②非営利（noncommercial），③派生禁止（no derivative works），④同一条件許諾（share alike）の 4 条件がある。CC ライセンスでは，権利制限規定に基づくときはライセンス規定に従わなくてもよいとあり，パブリシティ権，肖像権，人格権は保証されておらず，いわゆる“All rights reserved”ではなくて“Some rights reserved”になっている。そうすると，オープンコンテンツの権利の帰属は，我が国の権利の構造と米国の権利の構造との違いを考慮する必要がある。それは，我が国の権利制限規定と米国の権利制限規定との違いをも考慮する必要があることになる。

クリエイティブ・コモンズの関連で，教育コンテンツがオープンコンテンツとして無償でネット公表されている。オープンコンテンツは，オープン教育資源（Open Educational Resources : OER）により進められている。大学講義は，オープンコンテンツの流れの中で，我が国でもネット公開されている。その契機は，MIT のオープンコースウェア（Open Course Ware : OCW）になろう。MIT OCW は，教育コンテンツをオープンコンテンツとして無償でネット公表している。OCW は，米国国内から，欧州連合（EU）やアジアなどへ影響を及ぼしている。我が国は，日本オープンコースウェア・コンソーシアム（Japan Open Course Ware Consortium : JOCW）がある。オープンコンテンツの流れは，OCW から，大規模公開オンラインコース（Massive Open Online Courses : MOOC）へと展開している。それは，オープンコンテンツの提供に留まらず，単位認証も視野に入れている。MOOC のたとえば Coursera，edX，Udacity，そして英国の公開大学が進める FutureLearn などは，単位認証も視野に入れたオープンコンテンツである。我が国では，一般社団法人日本オープンオンライン教育推進協議会（Japan Massive Open Online Courses Promotion Council：JMOOC）が設立されている。ただし，MOOCは，OCWと異なり，クローズコンテンツも対象になる。

4．オープンアクセスの対象に対する法的な対応

オープンアクセスの対象は，それぞれオープンデータの定義，オープンソースの定義，CCライセンスがある。それらは連携しており，その内容はすでに指摘しているように，我が国の社会制度や文化を背景とした法制度とは必ずしも整合するものではない。したがって，オープンデータの定義，オープンソースの定義，CCライセンスの内容が我が国の法制度と整合する対応関係を見いだすことがオープンアクセスの対象に対する法的な対応になる。

（1）オープンアクセスの対象のオープン性とクローズ性

オープン性は，著作権の制限に関係する。オープンデータの定義，オープンソースの定義，CCライセンスは，copyright（著作権）の制限といえる。我が国の省庁や学術分野でも，CCライセンスの活用を積極的に取り上げている。文化庁の自由利用マークは，CCライセンスの日本版といってよいだろう。政府標準利用規約は，CCライセンスに準拠して，一定の要件を満たしていれば，自由に利用できることを定めている。

そして，著作権の制限に，フェアユース（fair use）の法理の導入とされる写り込み（付随対象著作物）の利用（著作権法30条の2）と検討の過程における利用（同法30条の3）がある。しかし，著作権の制限で留意しなければならないことは，フェアユースとの違いである。感情の発露としての著作物を著作者の権利として保護する法理において著作権の

制限規定を設けることと，合衆国憲法修正第１条の例外として書かれたもの（writings）に限定して著作権のある著作物（copyrighted works）を認める法理の中でフェアユースを認めることとは，前提が本質的に異なっている。それは，オープンデータの定義，オープンソースの定義，CC ライセンスが，我が国の著作権法の法理と整合しているとはいえないとするゆえんである。著作権の制限規定とフェアユースに関する比較法の検討からの判断が求められる。なお，CC ライセンスの帰属や派生禁止は，copyright（著作権）の制限の中，氏名表示や同一性保持に関する moral right（著作者人格権）を保護するものともいえよう。

また，オープン性とクローズ性は，著作権の制限規定の要件の営利性の有無が関係する。研究データのオープン性とクローズ性との関係の例として，ヒトゲノム計画（Human Genome Project）によるヒトゲノム解析データがある。そのあるデータは，当初，オープンにされている。そこでは，学術団体の研究目的の使用が条件であったが，営利企業が利用されるケースが頻出して，クローズされた経緯がある。それは，オープンアクセスの対象の権利の制限と関係しているが，研究目的の権利の制限は，特許法69条１項にあるが，著作権法にはない。

さらに，オープンアクセスの対象は，個人情報，企業秘密，国家機密情報と関連しうる。そのことは，オープンアクセスの対象のオープン性とクローズ性との関係，すなわちオープンなものの中にクローズなものが含まれるケースになり，部分的にアクセスの対象から除外されることを意味する。オープンアクセスの対象には，微視的には，オープン性とクローズ性が同居していよう。しかも，オープン性とクローズ性との関係は，固定されるものではなく，条件によって動的に変化している。

（2）オープンアクセスの対象の権利の帰属

オープンアクセスの対象，特にコンテンツは，著作物だけでなくほとんど著作物を伝達する行為も関係している。それでも，一般に，著作物（著作権）のとらえ方に留まっている。本来，我が国の著作権法は「著作権と関連権法」とよぶべきものであり，当然，著作権だけでなく，著作隣接権と出版権が関与し，著作者人格権と実演家人格権も考慮しなければならない。著作権法の「著作者人格権，著作権，出版権，実演家人格権，著作隣接権」と著作権等管理事業法の「著作権等」とは，権利の帰属の法理が異なる。

研究データは著作物性がなくても，創作性のないデータベースの *sui generis* 権または財産権は認められることがありうる。コンテンツに関しては，「コンテンツの創造，保護及び活用の促進に関する法律（コンテンツ基本法)」では，コンテンツに係る知的財産権の管理，国の委託等に係るコンテンツに係る知的財産権の取扱いのように，著作権ではなく，知的財産権（知的財産基本法２条２項）である。ソースコードの開示に関しては，図形の著作物（建築図面，設計図）が情報公開に関しては営業秘密の扱いになるように，ソースコードは営業秘密ともいえる。

権利の帰属についていえば，米国はcopyrightと一部視覚芸術著作物にmoral rightを連邦著作権制度では考えておけばよい。我が国では，著作者の権利（著作者人格権と著作権）と実演家人格権と著作隣接権，さらに出版権（複製権と公衆送信権等）も考慮しなければならない。オープンアクセスの対象の権利の帰属は，我が国の著作権法では，著作権の譲渡，出版権の設定，著作物の利用の許諾，そして著作隣接権の譲渡，著作権等管理，さらに著作者人格権と実演家人格権について総合的に関連づけられなければならない。

(3) オープンアクセスの対象の権利処理

オープンアクセスの対象の権利処理は，オープンデータの定義，オープンソースの定義，CC ライセンスでは前提とされてない。また，無方式主義では著作物の創作における著作者の権利は著作者がいくら放棄しても，権利自体は存続している。CC ライセンスは，権利制限規定とは別な基準で運用されていると見ることができる。copyright の効力発生要件の不充足，たとえば copyright の消尽などととらえることもできよう。これは，仮想的な copyright の放棄と同じ機能をもっている。ところが，放送大学オープンコースウェアと OUJ MOOC のオープンコンテンツは CC ライセンスを標榜しているが，我が国の著作権法等の権利処理が必要である。その権利処理は，著作権の帰属，出版権の設定，そして著作物の利用の許諾に対応する関係になる。ここで，著作権の帰属は，著作権の譲渡でも，出版権の設定と著作物の利用の許諾でもなく，信託譲渡といってよいだろう。

オープンコンテンツは，著作権等の制限によるコンテンツの引用（著作権法32条１項）によっている。そして，引用と同様にコピー・アンド・ペーストになる転載（同法32条２項）と教科用図書等への掲載（同法33条１項）がある。ところが，それらは，権利処理の対応が異なる。コピー・アンド・ペーストの引用・転載・掲載の著作権の制限規定は，営利を目的としない行為であっても，掲載では補償金の支払いと権利者への通知が必要である。掲載は，教育目的とも関係する。教育目的の著作権の制限規定の中では，営利を目的としても補償金の支払いと権利者への通知があれば，許容されるものもある。ただし，権利の制限によるコンテンツの使用において，実質的に同じ使用許諾の対応をする必要がある。それは，使用するコンテンツの同一性保持の観点にある。著作権の制限においては，権利者への許諾と著作権料の支払いと同様な権利者への通知と補償金の支払いを伴う傾向にある。

オープンアクセスの対象といっても，権利の保護の面から，創作者，権利者（権利管理者），さらにネット管理者の三重構造の権利の帰属に対応する権利処理が必要であろう。そのためには，オープンアクセスの対象の管理者の権利の帰属の明確化がある。また，権利の制限の面からも，創作者に対する同一性保持の観点からの権利処理は必要になる。

なお，オープンソース，オープンデータおよびオープン API で，TRON 系の組み込み向けリアルタイム OS「μT-Kernel 2.0」がベースの IEEE 2050-2018が，2018年 9 月11日，IEEE 標準として成立している。これにあたって，IEEE によれば，トロンフォーラムに帰属する μT-Kernel 2.0 の仕様書の著作権を米国電気電子学会（Institute of Electrical and Electronics Engineers：IEEE）へ著作権譲渡契約を結んでいる。この契約は，TRON μT-Kernel 2.0 の所有権（ownership）が IEEE SA（IEEE Standards Association）に譲渡され，知的財産を使用するためのライセンスが TRON フォーラムに提供されるものである[4]。ここで明確にしておかなければならないのが，著作権譲渡契約に対する日米の法理の整合にある。

5. おわりに

オープンアクセスの対象のオープンデータ・オープンソース・オープンコンテンツは，それらを使用するときに，許諾を必要とすることなく，無償で使用できるとされる。それは，オープンデータの定義，オープンソースの定義，CC ライセンスによっている。しかし，それらは，我が国の社会文化的な背景とは異なる法理から導出される定義や規約になる。公共機関において，オープンコンテンツに関して CC ライセンスの準拠を表記しているが，我が国において直接にオープンな CC ライセ

4　IEEE Standards Association（IEEE SA）and TRON Forum Sign Agreement to Advance IoT Development and Interoperability（https://standards.ieee.org/news/2017/ieee_tron/）.

ンスが適用される余地はない。それは，オープンデータの定義，オープンソースの定義，CC ライセンスの定義や規約の内容を実現するためには，上記で説明してきた我が国の著作権法等のオープンアクセスの対象の権利の帰属と権利処理を必要とするからである。

オープンデータとオープンコンテンツは著作権法の保護の対象であり，オープンソースはプログラムの著作物（著作権法10条1項9号），物の発明（特許法2条3項1号），営業秘密（不正競争防止法2条6項）として著作権法，特許法，不正競争防止法の保護の対象になりうる。また，オープンソースのLinux やオープンコンテンツのOCW は，登録商標との関係がある。データベース・ソースコード・コンテンツの全体の制作者・創作者がオープンデータの定義やオープンソースの定義，そしてCC ライセンスのもとにオープン性を宣言したとしても，部分を構成する研究データ・ソースプログラム・コンテンツの制作者・創作者の判断が関係する。この関係は，引用だけではなく，編集著作物・データベースの著作物や二次的著作物がかかわりをもつ。しかも，その中には財産権のあるデータや著作物，それに実演・レコード・放送・有線放送もありうる。

ところで，著作権法のCC ライセンスと対応するものに，特許法ではFRAND 宣言がある。FRAND 宣言とは，標準規格で規定された機能などを実現するうえで必ず使用する標準必須特許（Standard-Essential Patent : SEP）を合理的・非差別的（Fair, Reasonable And Non-Discriminatory : FRAND）な条件でライセンスすることを，事前に標準化機関に対して要望するものである。FRAND 宣言がなされたSEP を保有する権利者は，その宣言に基づき，標準規格の策定後は，FRAND 条件でライセンスを行うことが求められる。ところが，そのライセンスの慣行にあたってのライセンス料などで支障が生じている。それは，標準規格を策定しても標準規格を活用できない事象となり，それに対してオープンイノベーションを推進するためには再調整を必要としている。

オープンデータ・オープンソース・オープンコンテンツは，知的財産権の制限と保護との均衡による知的財産権管理によりオープンアクセスの対象として使用できる関係にある。さらに，オープンアクセスの対象のオープン性とクローズ性との関係の情報管理により，オープンデータ・オープンソース・オープンコンテンツはアクセスの可否が判断される。なお，一般に公開されている膨大な情報の中から，必要な情報を収集・分析する活動に，オープンソース・インテリジェンス（open source intelligence : OSINT）がある。米国国防総省（DoD）によって，「特定の情報要件に対処する目的で，一般に入手可能な情報を収集し，利用し，適切な対象者に適時に普及させた情報」と定義されている。諜報活動を目的としてサイバー攻撃や，サイバー攻撃を実施するグループの特定といった攻防の両面で扱われることがある。

参考文献・資料

⑴　企業法学会編『先端技術・情報の企業化と法』（文眞堂，2020年）

⑵　「オープンの定義」
https://opendefinition.org/od/2.1/ja/

⑶　「オープンソースの定義（vl. 9）」
https://opensource.jp/osd/osd19/

⑷　「クリエイティブ・コモンズ・ライセンス（CC ライセンス）」
https://creativecommons.jp/licenses/

⑸　児玉晴男「オンライン講義の公開に関する知的財産権管理」『情報通信学会誌』32巻１号（2014年）pp. 13-23

学習課題

1）オープンデータ，オープンソース，オープンコンテンツについて調べてみよう。
2）オープンデータ，オープンソース，オープンコンテンツの定義や規約と我が国の法制度との違いについて調べてみよう。
3）オープンコンテンツの権利管理について調べてみよう。

索引

●配列は五十音順。

●か　行

●た　行

●ま 行

●や 行

●ら 行

●わ 行

著者紹介

児玉　晴男（こだま・はるお）

1952年　埼玉県に生まれる
1976年　早稲田大学理工学部卒業
1978年　早稲田大学大学院理工学研究科博士課程前期修了
1992年　筑波大学大学院修士課程経営・政策科学研究科修了
2001年　東京大学大学院工学系研究科博士課程修了
現在　放送大学特任教授・博士（学術）（東京大学）
　　　山東大学法学院客座教授
専攻　新領域法学・学習支援システム

主な著書　先端技術・情報の企業化と法（共著，文眞堂）
知財制度論（放送大学教育振興会）
情報・メディアと法（放送大学教育振興会）
知的創造サイクルの法システム（放送大学教育振興会）
技術マネジメントの法システム（編著，放送大学教育振興会）
情報社会の法と倫理（共編著，放送大学教育振興会）
進化する情報社会（共編著，放送大学教育振興会）
情報メディアの社会技術——知的資源循環と知的財産法制（信山社出版）
情報メディアの社会システム——情報技術・メディア・知的財産（日本教育訓練センター）
ハイパーメディアと知的所有権（信山社出版）

放送大学教材　1579398-1-2311（ラジオ）

情報と法

発　行　　2023 年 3 月 20 日　第 1 刷
著　者　　児玉晴男
発行所　　一般財団法人　放送大学教育振興会
〒 105-0001　東京都港区虎ノ門 1-14-1　郵政福祉琴平ビル
電話　03（3502）2750

市販用は放送大学教材と同じ内容です。定価はカバーに表示してあります。
落丁本・乱丁本はお取り替えいたします。

Printed in Japan　ISBN978-4-595-32417-8　C1355